殷玮璋 曹淑琴

著

中国历代

科技史

远古暨三代科技史

「彩图版」

U0195910

上海科学技术文献出版社
Shanghai Scientific and Technological Literature Press

**图书在版编目（CIP）数据**

远古暨三代科技史 / 殷玮璋，曹淑琴著 . —上海：上海科学技术文献出版社 ,2022

（插图本中国历代科技史 / 殷玮璋主编）

ISBN 978-7-5439-8527-8

Ⅰ . ①远… Ⅱ . ①殷…②曹… Ⅲ . ①科学技术—技术史—中国—三代时期—普及读物 Ⅳ . ① N092-49

中国版本图书馆 CIP 数据核字 (2022) 第 037052 号

策划编辑：张　树
责任编辑：王　珺
封面设计：留白文化

**远古暨三代科技史**

YUANGU JI SANDAI KEJISHI

殷玮璋　曹淑琴　著

出版发行：上海科学技术文献出版社
地　　址：上海市长乐路 746 号
邮政编码：200040
经　　销：全国新华书店
印　　刷：商务印书馆上海印刷有限公司
开　　本：650mm×900mm　1/16
印　　张：11.75
字　　数：145 000
版　　次：2022 年 8 月第 1 版　2022 年 8 月第 1 次印刷
书　　号：ISBN 978-7-5439-8527-8
定　　价：78.00 元
http://www.sstlp.com

目 录

contents

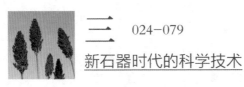

# 三 024-079

## 新石器时代的科学技术

# 四 080-100

## 青铜业——三代科技进步的重要标志

# 七 145-167

## 西周王朝的科技成就

# 八 168-177

## 三代时期周边地区的科技成就

# 九 178-180

## 结 语

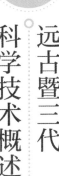

# 一

# 远古暨三代科学技术概述

作为中华儿女，无论走到天涯海角，都会对养育过他们的这一片热土倾注难以割舍的眷恋之情。在这种诚挚的感情中，既包含着他们对这片辽阔国土的热爱，也包蕴着他们对祖国光辉历史的自豪与怀念。因为大家都懂得：今日中国的发展道路是我国各族人民沿着祖先的足迹从远古走过来的。或者可以说，这条发展之路是中华民族在漫长的历史长河中用勤劳、智慧筑就的，而其基础就是先民以巨大的创造才能创造的一系列科技成果。因此，当人们在阅读中国历史时，对我国历史上的科技成就投以热切的目光也是很自然的了。这一卷《中国远古暨三代科技史》阐述的内容，是从原始人制作工具、告别动物群体开始，到夏、商、西周时期我国先民创造的一系列科技成就。这是一个很长的过程。它包括旧石器时代、新石器时代和青铜时代这三个阶段。它的绝对年代约当距今 300 万年至公元前 8 世纪。

严格地说，在旧石器时代和新石器时代，原始人还处于蒙昧状态，尚无科学可言。但是科学是从技术中分化出来的。人类学家指出，人类的历史是从制造工具开始的。因此，从原始人制造工具之日起，技术就在不断地改进、更新与发展着。在史前时期，科学存在于技术之中，处于萌芽状态。例如原始人在选择石器的原料时，既要考虑到它的硬度，又要顾及它的韧性与脆性，这就包含有地质学、矿物学的知识，人们用什么方法才能打制出他们需要的石器，这里又有不少力学方面的知识。又如在采集和狩猎的过程中，原始人积累了对植物、动物方面的知识，并为农业、畜牧业的出现打下了基础，也为后来药物学的出现积累了经验。以后，随着农牧业发展的需要，又促进了物候、天文与数学知识的早期积累；火的使用及在制陶业与原始冶铜业中，又有一些化学知识的萌芽。凡此等等，说明原始人在制造工具及为满足衣、食、住、行等方面的需要而进行的创造性劳动中，不断地积累经验，改进技术。这就促使了科学技术的不断发展。因此，我们在阐述科学技术发展的过程中，不能不追溯到远古时期。正是远古先民在长期实践经验的积累中出现的科学萌芽，促进了各种生产技术的发展，也促进了社会生产力的发展。事实上，如果没有旧石器时代和新石器时代先民在生产与生活的实践积累中出现的科学的萌芽，科学的产生也就无从谈起。从这个意义上说，人类若无旧石器时代、新石器时代的科学萌芽，大概也不会有今日世界的一切创造，我们的星球可能至今仍是一片荒凉的景象。

科学技术的发展与人类社会其他事物一样，具有历史的继承性。今天的科学技术是由过去的科学技术发展而来。因此，了解过去，有助于对今天中国的认识；认识中国，也有助于更好地认识世界。在这一卷中，我们主要利用石器时代的考古资料说明原始人在与自然界的斗争中不断积累经验与知识，使他们最终摆脱了蒙昧与野蛮状态，跨入了文明的门槛。同时，我们列举了青铜时代的材料，来说明因科学与技术的不断进步，创造出了我国光辉灿烂的青铜文明。商周时代创造的高度发达的青铜文明正是以石器时代的技术积累为基础的。它向全世界证明：勤劳、智慧的中国古代先民，以他们的创造才能，在2800多年前获得的一系列科技成果，是对人类文明宝库的巨大贡献。这些科技成果又为以后的科技发展创造了条件。

从本卷阐述的这一时期的历史发展中还可看到，科学技术的发展与社会分工有着一定的关系。在石器时代末期，因农业发展和剩余劳动产品的出现，促使手工业与农业分离。社会分工的出现，使从事各种不同行业的手工业者向技术越来越专业化的方向发展。它的结果是使科学从各种技术中分化出来。这对科学技术的发展是巨大推动。因此，科学技术的发展根植于社会生产的发展，但科学技术的发展又对社会生产产生巨大的推动。其中有些重大的科技发明对社会发展可以起到决定性的影响。

当然，科学技术既为人类所创造，那么许多科技成就都只能是不同时期特定条件下的产物。因此，科学技术的进步对人类社会的进步也打下了深深的烙印。考古学家根据人类制作工具时使用材料的不同和技术进步的状况而划分的旧石器时代、新石器时代、青铜时代、铁器时代等，包含了科技发展的内涵，因而为学术界广为运用。这些名称在一定程度上反映了科技进步的几个阶段，包蕴有科学技术的发展成为社会进步的标志的含意，这是很明显的。若从科学技术发展的角度作进一步分析，人们将不难发现：在人类历史的早期阶段，科学技术的发展是很缓慢的，社会的发展也是极为缓慢的。但越往后，科技的发展速度越快，社会的发展也随之加快。原始人从开始打制石器到发明弓箭及钻孔、磨光技术，前后大约经历了 300 万年，这就是被称为旧石器时代的阶段；而新石器时代大约用了五六千年的时间就进入了青铜时代。以后又经过 2000 余年的发展，人类进入了铁器时代。随着科学技术的进步，人类的生活方式乃至社会形态也在不断地发生变革。

这里我们不妨对本卷内容要点作一简要概述。在旧石器时代，由于原始人打制石器的技术还很原始，生产力十分低下，原始人只能靠采集和狩猎获取食物。人们居住在天然的洞穴之中，借助于火提供的热能度过寒冷的冬天。随着弓箭等复合工具与磨制石器、钻孔技术的出现，新石器时代的先民们开始了种植农作物。农业的出现被称为人类历史上第一次革命。这时人类从山间洞穴走向平原地带，并在衣、食、住、行等方面创造了一系列的科技成果。如：为解决人们的衣着保暖而出现了原始的纺织业；为扩大粮食来源，一种种野生植物被栽培成农作物，并被扩大种植，同时还出现了家畜饲养业；为了构筑房舍，原始的建筑技术也获得了发展；为了炊煮食物、存放物品和储备粮食，人们发明了烧制陶器的技术；为了交换与交往，车、船等交通运输工具也被创造了出来。此外，先民们为满足他们在物质生活与精神生活方面的需要，又出现了酿酒技术和玉器、象牙器的雕琢技术等。这些原始技术的发展为后来许多学科的出现作了早期积累。

铜金属冶铸业的出现是一件划时代的大事。在这以前，原始人只是选择合用的岩石来打制石器。冶炼术发明以后，人们开始从岩石中提取铜，用以制作工具和其他器具。这是人类在科学技术方面取得进步的一个重要标志。它的出现是多种学科知识综合利用的产物：为了从矿石中提取铜，首先要寻找铜矿资源，并进行人工采掘，这就涉及地质学、矿物学与采矿等方面的知识；将矿石与木炭在熔炉中进行氧化矿的还原熔炼，是个物理化学过程；将铜与铅、锡等金属配合熔铸青铜器具，又涉及对这些金属的物理性能、模具制作与铸造技术方面的丰富知识。因此，三代时期出现的青铜业，不仅在中国历史上创造了光辉灿烂的青铜时代，而且还出现了采矿、冶炼与铸造行业。三代时期的工匠们在采矿、冶炼、铸造技术方面取得的创造性成果，为我国独具特色的冶金技术体系的建立奠定了基础。

随着三代青铜业的发展，工匠们制造了大批青铜器具。它们包括礼器、乐器、工具、武器、车马器、建筑构件、铜镜等实用器具以及装饰品、艺术品等，产品几乎涉及社会生活的各个方面。当时制作的成千上万件造型精美、装饰瑰丽、制作精良的青铜礼器，成了中华民族十分珍贵的历史文物。不过，青铜工具的制作对社会进步所起到的作用却远比礼器等的要大。古代先民在发现铜金属以后，首先将它制成工具，即可说明人们对它的价值的认识。因为它对生产技术的改进能起到积极的作用。今天见到的铜工具数量较少，原因之一是铜工具一旦报废即可被回炉重新铸造，不像礼器，制作的目的是为了"子子孙孙永宝用"。

三代工匠制作的金属工具对其他行业的发展产生了直接或间接的积极影响，促使全社会的经济得到进一步发展。例如因青铜农业工具、青铜木工工具的出现或因金属工具加工而使木质工具得到改进，在开荒种地、兴修水利等方面都发挥了积极的作用；它们还使木构建筑的连接更加牢固，从而促使高大的宫殿建筑在这时兴起；它们使车、船规模增大，结构也更复杂；它们使漆木器的胎骨变薄，种类不断增多；它们的出现还使纺织机械的功能得以改进，并使原始的测量器械、计量器具与原始机械的制作成为可能。如木制辘轳的发明，使埋藏地下深处的矿石得以方便地从竖井中提升到地面，起到了其他工具无法替代的作用。铜工具的出现，还使陶轮制作、陶窑结构得以改进；甚至给青铜器的铸造等也都带来了益处，因为它使模型的制作更加精细、模具的组装更加紧

**辘轳**

辘轳，一种提水设施，主要流行于北方地区。它是利用轮轴原理制成的井上汲水的起重装置。

密，从而大大提高了铸件的质量。金属工具的出现，对书写工具的制作，乃至甲骨文、金文的契刻，文字的规范化等都起到了积极的作用。随着全社会各个行业的发展，金属工具也促使了天文、历法、数学、医学以及其他科学技术的发展，因而我们今天得以看到商周时期在这些方面的许多杰出成就。到了西周晚期，我国中原地区也出现

正在使用的辘轳

了人工冶制的铁器，并开始向早期铁器时代过渡。在中原以外的周边地区，各族人民的先祖也都在各自的科技发展道路上进行了卓有成效的探索和发明。

上述史实雄辩地说明：科学技术是人类社会发展的原动力之一。我国青铜时代在科技方面取得的一系列成果，为铁器时代的社会进步和科学技术的发展创造了良好的条件。

# 二

## 旧石器时代的
## 科技萌芽

旧石器时代是人类使用打制石器进行生产劳动的时代。根据古人类的体质特征，将其分为直立人（猿人）、早期智人（古人）、晚期智人（新人）三个阶段。这三个阶段和旧石器时代的早、中、晚三期的划分大体是一致的。旧石器时代的年代约自距今 300 万年至 1 万年前。旧石器时代的先民以采集果实和渔猎为生。这一时期的人们只能利用天然物品作食物。

严格地说，在旧石器时代实无科学可言，就石器制作而论，它的打制技术也是很原始的。不过，科技自有其发生、发展的过程。人与动物的最大差别在于人能制作工具并用于生产劳动，目的是明确的。正是这种有意识的活动，使人类从猿人进化到新人的漫长岁月中，不断改进打制石器的技术，以使他们自身在与自然界的斗争中逐渐改变软弱、被动的地位。在这 300 万年的漫长岁月中，原始人一直在恶劣的环境中探索与改进石器打制技术。到了旧石器时代晚期，他们制作的石器已从粗大、厚重和一器多用的状况向小型化和多样化方面发展。

## （一）打制石器的出现对人类进化的意义

我国发现的旧石器地点约有三四百处，研究者将它们分为旧石器时代早、中、晚三个时期。属旧石器时代早期的有：发现于云南元谋县上那蚌村附近的元谋人地点，距今约 170 万年；山西芮城西侯度发现的遗存，距今约 180 万年；陕西蓝田公王岭发现的蓝田人，距今约 110 万年；北京周口店的北京人，距今约 50 万年；等等。这时的人类生产力十分低下，过的是群居生活。木器与石器是他们经常使用的工具。只因木器容易腐朽，今天很难发现，能见到的只是打制石器。它们大多用砾

北京周口店遗址

北京人遗址（周口店北京人遗址）位于北京市西南房山区，是 50 万年前北京猿人、10 万年—20 万年前新洞人、1 万—3 万年前山顶洞人生活的地方，是中国首批"世界文化遗产"，举世闻名的人类化石宝库。

石制作，种类很少，制作粗糙。一器多用是这一时期的一个特点。打制石器的方法有砸击法、锤击法、碰砧法等，少数石片有第二次加工的痕迹。北京人时已能打制刮削器、尖状器、砍砸器、雕刻器等器类。这些居民都能使用火，大约在北京人时已经具有管理火的能力。有的学者认为，北京人时已能制作和使用骨器了，如截断的鹿角根可能被用作角锤使用，截断的鹿角尖可作挖掘工具等。

**刮削器**

刮削器是石器时代用石片制成的一种切割和刮削工具。

在山西襄汾丁村、阳高许家窑、陕西大荔甜水沟等地都发现了旧石器时代中期的人类化石和较丰富的文化遗物。广东曲江发现的马坝人、湖北的长阳人也属于这一时期的遗存。这一时期打制石器的技术有所改进，修理台面的技术得到广泛的应用，还出现了"指垫法"修理石器的技术。石器的种类增多了，功能也进一步分化。用石球与皮条制作的"飞石索"已经出现，石器的地域性特征也越来越明显。丁

**古人类化石**

古人类化石，在我国北京的周口店有发现，包括下颌骨、锁骨、肱骨等。

村出土的大三棱尖状器很有特色，可能是挖掘用具；小型尖状器可能是刮割兽皮的工具。此外还制作一些小石器。许家窑文化中的石片一般比较小，刮削器数量最多，占总数的55%，有七种不同的形状：直刃、凹刃、凸刃、两侧刃、复刃和短身圆头等。另外还有石球、尖状器、雕刻器等。1976年发掘出土的石球有1059件，最大的1500克以上，最小

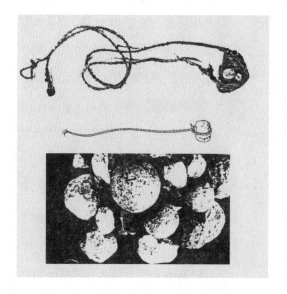

飞石索
飞石索又称为投石带，它是人类使用的最古老的远射器具，有单股飞石索和双股飞石索两种类型。

丁村出土的大三棱尖状器
三棱尖状器是用来挖掘根茎类植物的工具，一般个体粗大，多用巨厚石片制成，从平坦的一面向背面加工，使背部成棱脊或高背状。

的不足 100 克。小石球可作狩猎工具"飞石索"上的弹丸。这一时期骨器的制作也有所发展，用火的经验也比较丰富，已掌握了人工取火的技术。大荔人距今 10 余万年，许家窑遗址距今 10 万年左右。

　　大约在距今 5 万年至 4 万年间，人类从旧石器时代中期进入旧石器时代晚期。人类在体质形态上，由早期智人发展到晚期智人（新人），与现代人已十分接近了。旧石器时代晚期延续的时间虽然只有四五万年，但因生产力水平较前有明显提高，人口数量也有增长，所以分布范围也比较广泛。这时的制石技术也有了进一步发展。如修理台面的技术、第二步加工的"指垫法"等均广为流行。间接打击法在这时已广泛用于制作细石器，并经修理后制成工具和武器。这时还出现了投矛器、弓箭和鱼镖等复合工具。此外还出现了磨制与钻孔技术，因而出现了经过打磨的石珠、石块等。旧石器时代晚期制作骨、角器的技术也有了明显的进步，切、割、锯、削、磨、钻等方法均已使用，制作有针、锥、刀、铲等工具和用具。人们还应用钻孔技术将兽

石球

石球用以掷击野兽，或系在飞石索上猎取动物。在我国发掘到的时代最早的石球当推陕西蓝田公王岭附近的一件，重490克。

牙、贝壳、石块钻上孔，与骨管等串起来制成装饰品，有的还涂上赤铁矿粉末，染成红色，说明这一时期的人们在物质生活得到改善的同时，精神生活的内容也开始丰富起来。

尽管人们今天所看到的这些打制石器是那样粗糙和笨重，但是打制石器的出现，对人类的进化与发展具有莫大的意义。人类制造石器既然是一种有目的的创造活动，那么自第一把手斧诞生之日起，就在人与动物界之间划了一道分界线。因此古人类学家指出，人类的历史是从制造石器开始的。自从人类开始制作石器，人的上肢首先从爬行的功能中解放出来，最终导致直立人的出现。人们在打制石器中为使它的功能符合人的需要，不断思索与琢磨，这使人的大脑更加发达了。原始人在改进制作石器的方法时，虽然并不完全意识到他们的行为是为了在与自然界的斗争中逐步摆脱无能与被动的状态，但从长过程看，在这 300 万年间取得的每一个进步，都使人类在与自然界的抗衡中不断地取得了改造

**古代钻火石**
用两块燧石互相敲击打出火星，即可引燃干草来生火。

自然的主动。因此，到旧石器时代晚期时，人的脑容量为 1200—1500 毫升，比周口店发现的北京人的脑容量（平均为 1059 毫升）明显增大，已达到现代人的脑容量变化的范围；北京周口店发现的山顶洞人的身高，男性为 1.74 米，女性为 1.59 米，与现代华北人的身高相近。

这时人的智能达到了新的境界，因而出现了弓箭、投矛器等远射程的复合工具。它使人们在狩猎过程中避免与野兽直接接触，有效地保护了自己。同时他们还编织网罟等工具来捕捉飞禽、走兽、鱼虫。男女之间出现了分工，男性从事渔猎，女性进行采集。人们开始用骨针缝制皮衣以抵御寒冷的侵袭。他们还懂得了将死者掩埋，把一些装饰物品作为随葬品放入墓中，还将墓葬与居住地分开，以避免腐尸的污染与疾病的传播。正是由于生产手段的改进，才使人们开始走出山间洞穴，向平原迁徙。湖北江陵鸡公山发现的旧石器时代晚期遗存，距今约四五万年，在已发掘的 425 平方米区域内有打制石器的加工场、屠宰野兽的场

**骨针**
骨针是人类最早期的缝纫工具。在新石器时代和商周时期普遍使用，直到战国秦汉时期铁针出现并普遍使用后才被淘汰。

**湖北鸡公山遗址**

湖北鸡公山遗址是由荆州博物馆、北京大学考古系发掘的，是一处长期使用并保存完好的石器制作场，填补了我国旧石器时代平原居址的空白。

所等。这是我国发现的第一个旧石器时代晚期居民在平原地区建立的居民聚落，说明人类在四五万年前就开始了向平原地区发展，并在这一广阔领域中开创新的天地。

## （二）火的利用及其作用

火的利用对人类的生活和生产都有巨大的意义。尤其是在旧石器时代，它对人类的生存和生理上的进化、发展，都起到了至关重要的作用。

人类从发现火到利用火，这中间是有个过程的。最初，原始人对自然界因雷电或其他原因引发的熊熊燃烧的火是无知的，甚至是恐惧的。但当原始人从野火燃烧过的地方拣到了被火烧过的野兽和野果、野菜等物品，食用以后发现不仅不生病，还容易咀嚼，口味也比生食更好的时候，就朦胧地意识到了火的好处。于是人们渐渐地敢于接近它了。在夜间，人们借助火发出的光亮可以寻觅食物，同时人们发现火发出的热能使他们感到温暖。这样就使人们萌发出保存和利用野火的动机。因为对于原始人来说，在巨大的山洞中居住，有一堆篝火，对他们抵御严寒或防范野兽的侵袭都实在是太重要了。火的利用，使人们逐渐改变了生食的习惯。熟食能缩短消化过程，更多的养料容易被人体吸收，并使血液中的化学成分有所改变，促使人的体力增加，脑髓更加发达。所以，火的利用，对人体的进化也是极有意义的。

火本身是发光的。从人们学会利用火的时候起，也就摆脱了夜间黑暗世界的威胁，减轻了人们对黑暗的恐惧，并且利用篝火或燃烧着的树木等照明，可以做许多在黑暗状态下无法做的事情。

1965 年 5 月，在中国云南元谋县上那蚌村西北小山岗发现的猿人化石，被称为"元谋人"。在出猿人化石的地层中还发现了大量炭屑。炭屑大致分为三层，每层间距 30—50 厘米，分布很不均匀。炭屑常常与哺乳动物化石伴生。最大的炭屑直径可达 15 毫米，小的在 1 毫米左右。在一处面积为 12 平方厘米的平面上，1 毫米以上的炭屑达 16 粒之多。在 1975 年冬的发掘中，还发现了两小块烧骨。研究者认为，这些是当时人类用火的遗存。据中国地质科学院地质力学研究所用古地磁方法测定，元谋猿人的年代距今 170 万年左右。在山西省芮城县西侯度附近发现的旧石器时代早期遗址，据古地磁断代测定，它的年代为距今约180 万年。出土的化石中发现有颜色呈黑、灰或灰绿色的大哺乳动物的肋骨、马牙、鹿角，化验结果证明是被火烧过的。上述发现是目前在中国发现的年代最早的旧石器时代早期遗址。这两处遗址中都发现了原始人类用火的遗存，说明生活在中华大地上的原始人类，早在 180 万年前就已认识了火，并将其用来御寒或烧烤食物。不过，当时利用的只是自然界的野火。

火是一种自然现象。在碳、氢或碳氢化合物和空气中的氧相遇，再受热使它达到一定温度时，就要发生急剧的化学变化，随之发热发光燃烧起来。这就是火的成因。在自然界，当天空中带正电与带负电的云相遇时就会发生闪电。在空中的电和地下的电，经过树木发生落雷时，就可能引起树木着火。在原始森林中，有些地方树木生长浓密，树枝交错，若遇大风，干枯的树枝因摩擦生热也可引起树枝起火，殃及森林。原始人将这种自然火用火把点燃后带回居住的洞穴之中，居住在周围的人们再到这里借火。这样的火叫火种。人们取回火种后要精心照管，即使外出狩猎或采集，也要留人守候在火种旁边，以防熄灭或造成火灾。北京人时期大概已经有了管理火的能力。当时人们对火的利用还处于被动状态，一旦发生火种熄灭的事，人们就要到很远的地方去借火或找火，否则就要等到再次出现野火时去引火。但这种机会不可能经常出现。于是人们根据自身的生活经验来试验造火。由于当时的石器是用石块与石块互相敲击制成的，在石块急剧碰撞时，会产生火星。如果火星落在旁边的易燃物质上，例如落在柔软的干草或干树枝、树叶上，有时也会燃着。在加工木材、长时间钻木时也会发热产生火星，如果火星落在木屑上也能引起燃烧。虽然这是人们在劳动中不自觉地引起的火，但正是这种实践引导人们创造了敲击、摩擦取火的方法。

生活在中华大地上的原始人究竟在什么时候掌握了人工取火的方法？这个问题还难以详考。但是，迄今发现的旧石器时代遗址中，几乎都发现了用火的遗迹，包括灰烬、烧骨等，说明火与原始人类的生活已

钻木取火是用硬木棒对着木头摩擦或钻进去，靠摩擦取火。

经十分紧密地联系在一起了。用火已成为他们生活的一个组成部分。由于原始人经常打制石器，因此击石取火的方法出现的时间不会很晚，很可能在旧石器时代的中期或稍早一些时候就已出现。这种方法一旦被人们发现，就会给原始人取火、用火带来很多方便。人工取火方法的出现是原始人在与自然界做斗争中取得的一个具有深远意义的胜利。

　　钻木取火的方法比起两石打击取火的方法又进了一步。这种方法与钻孔技术的出现有关。这种方法出现的时间也很早，因为旧石器时代晚期的遗址中已经出现了钻孔的石珠、钻孔的砾石、钻孔的兽牙及钻孔的骨针等，说明这一时期钻孔技术的使用已相当普及。钻孔方法最先使用的对象是木材，后来才移植到石、骨、牙等原料上。不过，今天已难以搞清原始人是从什么时候开始在木材上钻孔以及如何钻孔的了。但是，一旦在木材上以较快的速度钻孔时，因钻孔生热引发出火花的现象出现，人们也就比较容易地发现这种方法取火的实用意义而加以利用。传说燧人氏始钻木取火，炮生为熟，令人无腹疾。其实燧人氏未必确有其人，只是由于这种方法的发明，给人类取火、用火带来了极大的方便。人们为纪念这一伟大创举，于是创造了"燧人氏"钻木取火的传说。从这一传说中也可以看出，钻木取火方法的出现也是很早的，很可能在旧石器时代晚期就已被发明了。

总之，火的使用，第一次使人类支配了一种自然力。它对人类的生产和生活有着重大的意义与影响。弓的制作、"刀耕火种"的原始农业的出现，以至烧制陶器、冶铸铜器的发明等均离不开火的应用。因此，火的利用，对生产力的发展和社会的进化都起到了很大的作用。

## （三）原始人打制石器的技术

石器的出现与原始人砍伐树木、制作木器有一定关系。不少学者提出在旧石器时代之前应有一个木器时代。但因木器的保存十分困难，至今已无法找到这类遗物。包括旧石器时代人类如何加工木材、制作工具的情况都已无法搞清楚了。不过，石器作为制作木器的工具，对它的研究在一定意义上是可以反映原始人的技术水平的。

不少人曾对考古学家手中的石器提出疑问：这些从外形上看与普通石片并无多大差别的东西，你们根据什么去断定它是人工加工过的而不是因自然力碰撞所引起破裂的普通石片呢？

所谓石器，一般是从石料上打下石片，再经过加工而成的。它是原始人依其需要而制作的，制作的过程是一种有计划、有目的的行为。所以从出土的石片和石核上可以看出，凡是经过人工打制的，它们都有台面、打击点和在石片上出现凸起的半锥体等特征。这些特征只有在人工打击时才能出现。因自然力碰击而破裂的石片上是不可能出现这些特征的。

据研究并经模拟实验证明，若选一个圆形或椭圆形砾石为原料，打制人们需要的石片，第一步是在砾石上打出一个平面。这个平面被考古学家称作台面。第二步是沿着台面的边缘打下石皮。然后再选择合适的部位，用石锤打击，即可打下石片。它的劈裂面出现微凸的半锥体，且有许多波浪样的弧形纹理。被打击而产生石片的那块石料这时称为石核。石核可以不断地被打击，打击出一块块的石片。这些石片依人们的需要进行些必要的加工，就成了一件件石片石器。

石器虽然是由岩石打制而成的，但并不是所有岩石都可以制作石器。据研究，旧石器时代的先民在选择石料时，已经注意到选择那些硬度大，又有一定韧性和脆性的岩石。地质学家根据岩石的软硬程度不同，将其分为 10 个级度。旧石器时代的先民往往选择 6—7 度的岩石作为石器的原料，使所制作的工具具备必要的硬度。对韧性的要求，是为了避免太脆的岩石在使用时容易断裂，不能较长时间地使用它们。原始人选用这种硬度较高，又有一定韧性与脆性的岩石为原料，说明他们对石材的鉴别与选择已有了一定的知识。燧石和火石是打击石器最理想的原料。因为它们的硬度达到 7—8 度，性韧而脆，打下的石片常常具有刀口那样的利刃。不过，燧石和火石在我国分布的范围很小，各地遗址中很少见到用这两种石料制作的石器。经鉴定，我国旧石器时代遗址出土的石器，所用的原料有数十种之多，但以石英、硅质灰岩、角页岩的数量为多。原始人制作石器都是就地取材。由于石英和石英岩在我国分布很广，量也很多，因此各地先民多选择它们作为原料。石英的硬度较大，达到 7 度，可分为结晶（水晶）和块体（脉石英）两种。石英岩是由砂岩变质而成的。北京房山周口店发现的北京人遗址出土的石器中，88.8% 是用石英作为原料制作的。山西芮城匼河村一带出土的石制品，

燧石

燧石主要由隐晶质石英组成，是比较常见的硅质岩石，根据其存在状态可分为层状燧石与结核状燧石两种类型。

除少数为脉石英外，其余都是石英岩制成的。蓝田人遗址中发现的石器，大部分也是用石英岩和脉石英打制的。

硅质灰岩和角页岩也是制作石器较好的石材，但这两种岩石在我国分布的范围不大，所以只在个别旧石器时代的遗址中大量发现。例如贵州黔西县观音洞发现的旧石器时代早期遗址，出土 3000 余件石制品，其中约有 65% 的石器是用硅质灰岩制作的。其他有脉岩、燧石等。山西丁村发现的旧石器时代中

贵州黔西县观音洞

黔西观音洞遗址位于贵州省黔西县观音洞镇观音洞村，其出土文物，经中国古人类学家鉴定，是长江以南旧石器时代早期文化的典型代表。

期遗址，出土的打制石器中95%是用角页岩制成的。其他有燧石、石英、石英岩、玄武岩等，但数量都很少。

打制石器的原料一般都采自河滩上的砾石（或称鹅卵石），它是山区的石块在自然力的作用下被搬运到较低的地方沉积下来的圆形或椭圆形的岩石。它包含各种各样的岩石，所以河滩地成了选择和制作石器的理想场所。丁村遗址1954年发掘出土的石制品达2000余件，1976—1977年间又发现了石制品1000余件，以石片和石核为多，具有加工痕迹的石器只有6.6%，说明这里可能是当时的石器制造场所。到了旧石器时代晚期，原始人对石器的需求增加了，于是又出现了从原生岩层中开采石料来增加原料的做法。广东省佛山市南海区西樵山和山西怀仁鹅毛口等地，都发现了从原生岩层采掘石材制作石器的场所。

旧石器时代的石器制作一般都是用石块或砾石，直接打击石核，从石核上打下石片，再经过人为加工制成的。这叫直接打击法。据研究，我国旧石器时代的打制方法有锤击法、砸击法、锐棱砸击法、碰砧法、投击法等。所谓锤击法是用椭圆形砾石作石锤，直接敲击石核边缘产生石片的方法。砸击法和锐棱砸击法都是先在地上放一块扁平的砾石为砧，再将石核置于石砧上用手握住，另一手握住石锤，砸击石核上端，产生石片。两者的区别在于：砸击法将石核（一般是脉石英）垂直置于石砧上；锐棱砸击法是将石核稍稍倾斜地与石砧接触，然后用石锤较扁的一侧砸击石核的另一端。用上述方法打击出石片，再经加工即是原始人使用的各种石器。加工修理工作，最主要的也是用锤击法，具体方法有两种：一种是用石锤直接敲击石片和石核的边缘使之形成刃口；另一种是将需要修理的石片或石核放在手上，用食指垫在需要加工部位的背面，然后用石锤轻轻敲击。用后一种方法修理，能使石器的器形变得比较规整，刃缘匀称。原始人主要用上述方法制成各种实用的工具。如用于挖掘块根和掏掘鼠洞的大尖状器，切割、刮削用的刮削器，用作砍劈、敲砸、挖掘等多种用途的砍砸器，作投兽捕猎用的石球，等等。原始人用这些方法制作不同的石器，表明他们能依不同用途制作出不同形制的工具。这是 10 万年前原始人萌发的智慧的火花。

到了旧石器时代晚期，原始人制作石器的方法有了较大的进步，出现了间接打击法。这种方法是在石锤与石核之间以木棒、骨棒或鹿角为中介，即将这些中介物置于石核的边缘，用石锤打击中介物，间接受力于石核，从石核上剥离下石片。用这种方法打制的石片，一般都较细小，多数石片薄而长，两侧边沿接近平行，背面有一条或两条纵脊，横断面呈三角形或梯形，刃口十分锋利。同时还出现了较先进的压制修理技术。它是将需要修理的石片握在手上或置于石砧上，用一根带尖的硬木棒或骨棒抵住石片边缘，靠手腕的力量挤压，使之形成非常规整的石器。用这种技术修理的石器，加工痕迹精细、小石片疤（修理过程中剥落小石屑的痕迹）排列有序。

用间接打击法打下的断面呈三角形的石片，经过加工可以制成箭镞。山西朔州的峙峪、河北阳原的虎头梁、山西沁水下川等旧石器时代晚期遗址中都发现了打制的石镞。峙峪遗址距今约3 万年。它出土的石镞是迄今所知我国年代最早的打制

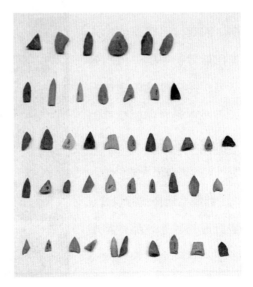

石镞

石镞是石制的箭头，与青铜镞比，石镞的穿透和杀伤力非常小。

石镞。石镞的出现，表明了人类已经掌握了弓箭这种复合工具。弓箭的发明对原始人具有重大意义。它是原始人在制作工具方面积累了丰富的经验和掌握了较高技能的产物。它已具有了动力、传动和工具三个要素。所谓动力是指使用者借拉弦的动作将功转化为势能（拉开了弦），起到动力的作用。瞄准目标后，使用者将手松开，拉开的弦向前弹射，势能就转化为动能，把箭射向一定距离的目标，这时的弓弦起到了传动的作用。箭镞射中目标，达到了使用者的目的，这就起到了工具的作用。将这三种要素集于一身，使得狩猎者能在较远的地方向捕猎对象发动进攻。这种狩猎方法，既避免了人与兽之间的直接接触，又可在捕猎对象处于静止或不设防的状态下瞄准射击，命中率更高。因此，弓箭是原始人与自然界抗争的一种有效工具。在火器发明之前，人们一直将它作为重要的武器之一，正说明它的发明对人类具有重大的价值。

　　打制石器技术的改进，使石器的数量与品种都增多了，而且由粗笨趋向精巧。例如刮削用的石器，人们为适应不同需要而制作出端刮、凹刮、凸刮、

山顶洞遗址 ○ ·········································

山顶洞人文化遗址位于周口店龙骨山上，于 1930 年发现，1933 年和 1934 年进行了发掘，是旧石器时代晚期遗址。

边刮等不同形状的刮削工具。

旧石器时代晚期出现的钻孔和磨光技术，也是原始人制作技术的一个进步。山顶洞遗址中出土的钻孔小砾石，中间的一孔是用尖状器从砾石的两面对钻而成的。它的钻孔不圆，两面的圆孔直径也不同，一面为8.8毫米，一面为8.4毫米。这一发现说明，原始人对较厚的对象已经掌握了从两面对钻的方法，以达到制作工具和装饰品的目的。山顶洞遗址中出土的七件穿孔石珠，制作相当精致。它是先将小石片的边缘打击成方形或多角形，再将一面或两面磨光，最后再用尖状器从背面钻孔制成装饰品。钻孔技术移植到骨器上，于是出现了骨针等用具，从而使缝制衣服成为可能。磨制技术的出现，为制作有棱、有角等具有特定形状的工具创造了条件。旧石器时代的磨制技术只见于小型装饰品。当磨制技术被用于生产工具的制作时，社会就进入了新石器时代。

约在距今 1 万年前，我国的先民就进入了新石器时代。大约与此同时，原始农业出现了，家畜饲养也开始发展。人们聚族而居，在平原地区开始了一种与旧石器时代很不相同的生活。考古学家将新石器时代分为早、中、晚三期，这三个阶段被认为与农业发展中的火耕（刀耕火种）、耜耕和犁耕这三个阶段大体是一致的。

新石器时代的居民来到平原地区后，因没有洞穴可供栖身，于是开始建造房屋；为了满足日常生活的需要，他们发明陶器，挖窑烧造各种器皿；为了穿衣保暖，开始纺纱织布。人们在各种活动中对技术进行的一系列创新，使他们的物质生活与精神生活的内容逐渐丰富起来，并为科学的产生与发展作了很好的积累和准备。

## （一）新石器时代制石技术的改进

新石器时代制作的石质工具以磨制加工为其特点。它适应农业与其他手工生产的需要，在石器制作技术方面是个很大的进步。

新石器时代的先民对石料的选择、切断、磨制、钻孔、雕刻等工序都有一定的要求。人们初步认识到因材施用，根据工具的功用不同，对材质的要求也不一样。如制作斧、铲、锛、凿类的石料都选用硬度较高的岩石；而刀、镰类收割用的工具，其硬度有不少并不很高。仰韶文化的先民所用的石料包括玄武岩、片麻岩、石英岩、辉长岩、花岗岩等。各地居民都是就地取材，以其硬度与节理来选择合用石料。他们认识到按需要选择大小、形状、长短、厚薄适中的石材，可以减少切割等工序，节省工时。如果有的石材形体较大，而所制工具较小，则还要切割。石材选定以后，一般先打出工具的雏形（毛坯），然后把它放在砺石上加水和沙子磨光。新石器时代先民对工具刃部的加工尤其重视。如锛、凿类工具，均为单面出刃，而斧、铲类器具则是双面出刃。刃的弦度有平刃、弧刃等。在磨砺成形后需要钻孔的，则在工具或饰品上再钻出圆孔。

磨制石器的制作，目的性很强。它们的形状、大小、厚薄等都与不同用途密切地联系在一起。每一件石器的形体及各部分的比例都较合理。一件石器哪一部分需要厚些，哪一部分需要开刃，以及在什么地方钻孔，需要钻几个孔，甚至工具本身的光洁度等，都有一定的要求。每件石器的形制由它的用途来决定。从总体上看，大部分工具的刃部都因磨砺而增强了锋利度，可以减少使用时的阻力。同时，因用途不同而制作的各种工具，其形制也更趋规范化了。特别是到了新石器时代中晚期，用于农耕的铲、斧、锄、耘田器以及刀、镰等，用于木工生产的凿、锛、斫等，用作兵器的矛、镞，它们的形制都已相当规范了。其中许多工具与兵器同后来金属铸造的工具与兵器已非常一致了。

新石器时代磨制石器的进步，还表现在穿孔技术的提高。当时大致有钻穿、管穿和琢穿 3 种方法。钻穿是用一端削尖的硬木棒，或木棒一端装上石质钻头，在要穿孔的地方加放潮湿的沙子，再用手掌或弓子的弦转动木棒进行钻孔。管穿则是用削尖了边缘的细竹管来钻孔，方法跟钻穿相同。琢穿是用敲砸器在大件石器上直接琢出孔，有的则是先琢后钻。薄的工具为单面钻孔，较厚的工具则从两面对钻。穿孔的目的是便于系绳，使石器能牢固地捆缚在木柄上，制成复合工具。新石器时代的先民们所制作的石质工具，磨成见棱见角、方正规矩的特定形状，所钻的孔又选在适当的位置并与木柄很好地结合起来。它与打制石器相比，大大提高了使用效率。

为适应社会生产发展的需要，当时制作的石质工具的种类比以前增加了。除了上面提到的农业用具、木工加工工具和兵器外，还有谷物加工用的石磨盘、石磨棒、石杵、石臼等，纺织用的石纺轮，捕鱼用的石网坠，制陶用的拍子等。此外，还有建筑房屋用的石础及切割用的石刀、石俎等。除了石质工具外，当时还有用木、骨、角、蚌、陶等制作的工具。木质工具因不易保存，仅知有耒耜、弓箭等，其他的已不可详知。但是斧、锛、凿等木工工具的出现，说明当时是有木工手工业的。例如木构建筑及车、船等交通工具的制作，非用这些工具不可。至于骨制的刀、锥、镞、针、匕、鱼钩、簪，角制的锥、勾，蚌制的铲、刀、镰、镞，陶制的纺轮、网坠、陶拍等，也涉及农耕、渔猎、纺织、制陶、缝纫等方面。其中骨、角、蚌、木器，都是用磨制的石器加工制作的。它们用于生活的许多方面，使人们的衣、食、住、行等方面都有了改善。

总之，新石器时代制作工具的技术不断改进，提高了社会生产力，增强了人们向自然界斗争的能力，人们的生产与生活的天地相对地变得宽广起来。不过，从总体来说，当时的技术改进是缓慢的。人们只是利用天然物质进行加工制作，这就限制了工具的创造与发展。只有当金属被发现并用于铸造工具以后，人们的生产才能出现新的变革。新石器时代晚期虽然也有铜金属，但大多为红铜制品，而且数量很少。所制的刀、削之类，在社会生产中还不能起到很大作用。只有到了文明时期，大量出现了青铜器，特别是铁器被广泛使用以后，人们的社会生产才得到了迅速的发展。史前时期这些进步为后来文明时代的到来创造了条件。

## （二）原始农业与家畜饲养

农业的出现，被认为是新石器时代的一次革命。它表明人类开始摆脱对自然的依赖，从此将通过从事农业生产获取食物，开辟出一种新的生活方式，过上了相对安定的定居生活。

在农业出现以前，人类的生活来源主要靠渔猎和采集。哪里有可供渔猎和采集的对象，人们就到哪里去捕猎和采摘，所以人们还不能在一个地点长期定居下来。农业出现以后，虽然最初收获的食物还不足以完全满足人们自身生活的需要，人们不得不从渔猎与采集中补充相当部分食物，但是播下的种子总能有所收获，每年都能使他们获得一定数量的谷物，使他们的食物来源相对有了保证。这是极为重要的。它使人们选择适当的地点定居下来成为可能，并在一个地点的附近不断扩大耕地，改进耕作技术，增加农作物的产量，去满足人们对农产品不断增长的需求。

农业是人类社会发展到一定阶段的产物。原始人在长期的采集活动中，逐渐掌握了一些野生植物的生长规律。他们看到了果实与落地的种子跟禾苗生长、发育的关系，于是进行人工栽培的尝试。其间，他们还创造了一些适合于农业耕作的工具。《易·系辞》中说"有神农氏作，斫木为耜，揉木为耒，耒耜之利，以教天下"，把农业的出现与神农氏联系起来。

农业种植的对象是禾本科植物。农业的出现是和原始人对野生植物的驯化与改造联系在一起的。禾本科植物的野生种与栽培种的差别很大。如野生的禾本植物，其同穗各粒分期成熟，随时脱落；而栽培种的同穗各粒一起成熟，不易脱落。两者谷粒的形态也有差别。因此，栽培种对野生种的原有习性，在培育过程中有很大改变。这是需要很长一个过程的。把农业的出现与"神农氏"联在一起，显然不符合历史事实。但它反映了古代先民对农业的出现在改变人们生活方面的巨大作用给予充分肯定，所以创造出一个神农氏来进行祭祀与膜拜。

人类社会的发展史已经证明：农业是社会发展的基础。人类为了生存与发展，首要的问题是解决食粮的供应。这就要求农业生产提供足够的农产品去满足因人口增长等因素对食物不断增长的需求。当农业为社会提供的产品数量超过人们自身的消费所需部分而有剩余的时候，才有可能使一部分人从农业生产中分离出去，从事其他活动，包括手工业生产活动。社会提供的剩余农产品数量越多，手工业的专业化程度发展也越快。所以，农业生产的发展直接影响社会分工的出现，影响全社会的发展进程。

有关我国农业起源的问题，是学术界十分关心的课题。中国考古学界几十年来一直把它作为一个重要的学术课题进行探索，在江淮河汉诸流域及广大地域内进行调查、发掘，发现了一批遗址，如广西桂林甑皮岩、江西万年仙人洞、河北武安磁山、河南新郑裴李岗、河北徐水南庄

**湖南澧县彭头山**
位于湖南澧县的彭头山遗址，是目前发现较早的一个原始聚落遗存。彭头山文化是长江中游最早的新石器时期文化。

头、湖南澧县彭头山等地点。前两处遗址的年代距今约八九千年。武安磁山遗址和新郑裴李岗遗址的年代，也比中原地区的仰韶文化年代要早，距今已有七八千年之久。其中最令人注目的是 1986 年在现河北省保定市徐水区发现的南庄头遗址。在发掘的 60 余平方米的范围内，研究人员发现了一条小灰沟和草木灰层，出土了兽骨、禽骨、鹿角、蚌、螺壳、木炭、石料，以及石器、骨角器、木板、木棒、夹沙红陶片等与居民生活有关的遗物。特别是作为谷物加工工具的石磨盘和石磨棒在遗址中出土，说明当时已有农作物栽培业出现。据碳 14 测定，它的年代为距今 10510±110—9690±95 年（未作校正）。它比磁山文化还早，甚至比江西万年仙人洞、广西桂林甑皮岩遗址还早千年之久。它是我国发现的新石器时代遗址中年代最早的一处，因此，它把我国农业起源的时间上推至万年以前。南庄头遗址位于太行山东麓前沿，华北冲积大平原的西部边缘。周围的地形西北较高，东南低缓，与白洋淀接近。遗址坐落在萍河和鸡爪河之间，面积的两万平方米，海拔21.4米。据孢粉分析证明：在度过了晚更新世冰期之后，当时的气候虽然较凉偏干，但针叶树和阔叶树乔木花粉形成小的峰值，生活环境比全新世之初要好。因此人们已从丘陵下到离山较远的平原地区活动，并开始了种植业。当时种植的农作物应是粟类谷物①。

粟，俗称小米，是黄河流域古代居民主要的农作物。目前在河北、河南、陕西、甘肃、内蒙古、辽宁、山东等地区的数十处新石器时代遗址中均有发现。由于这一地域气候干燥，雨量变率大，又缺乏灌溉设施，使古代居民选择了耐旱的粟作为主要粮食作物。它宜于在

粟

粟米即小米。小米在中国北方通称谷子，去壳后叫小米。不仅供食用，还可酿酒，中国最早的酒是用小米酿造的。

黄土地带生长，耕作简单，成熟期短，又易于保存，所以是我国北方地区古代居民首选的栽培作物。在河北武安磁山遗址清理的300多个窖穴中，有三分之一的窖穴内都发现了粟类作物的遗存，说明8000年前生活在磁山遗址的居民已将粟作为种植的主要作物。在磁山文化、裴李岗文化等新石器时代早期遗址中出土的石磨盘和石磨棒，是加工粟类作物的工具。因此，徐水南庄头遗址中虽然尚未发现粟类谷物的遗存，但从出土的石磨盘、石磨棒等谷物加工工具来看，有理由认为古代中国北方

---

① 保定地区文管所等：《河北徐水南庄头遗址试掘简报》，《考古》1992年第11期。

地区种植粟类谷物的年代很可能上推至万年以前。

南庄头遗址中发现的灰沟、灰层、陶片及猪、狗等家畜，反映了居民们已经过着相对安定的定居生活。但遗址中出土不少鸡、鹤、狼、麝、马鹿、麋鹿、狍、斑鹿及水生的鳖、中华原田螺、蛛蚌、萝卜螺、扁卷螺、微细螺等动物，反映了渔猎在经济生活中仍占有重要地位。

在长江以南地区，由于雨量充足，气温较高，古代先民选择水稻作为栽培的农作物。1973年在浙江余姚河姆渡遗址中发现了丰富的稻作遗存。在第4层居住区内，稻谷、稻秆、稻叶和谷壳的堆积一般厚20—50厘米，最厚的地方超过1米。出土时稻谷已经炭化，但许多谷壳和秆叶保持原来的外形，有的颖壳上稃毛尚清晰可辨，有的叶脉和根须还很清楚。经鉴定，这些稻作属栽培稻的籼亚种晚稻型水稻。从文化

○ 河姆渡遗址

河姆渡遗址是新石器时代氏族聚落遗址，位于宁波余姚市河姆渡镇。遗址中发现大量干栏式房屋遗迹，其中包括采用榫卯技术构筑木结构房屋的实例。

层中发现水生草本植物孢粉以及有关动物的习性等方面考察，这个遗址的周围，当时为大片沼泽。这为种植水稻提供了良好的生态环境。据碳14测定，河姆渡遗址第四层的年代大约距今7000年。

河姆渡遗址出土的生产工具有石器、骨器、木器等多种，其中以骨耜的数量最多，仅第四层中出土的骨耜就有170余件。它是主要的农业工具。这种工具用大型哺乳动物的肩胛骨制成，长20厘米左右，肩臼处一般横凿方孔，骨板正面中部琢磨出浅平的竖槽，浅槽两侧各凿一孔。木柄则竖向紧贴骨板的浅槽安装，方孔中穿缠藤条与木柄绑紧。此外还有石耜和木耜。这些工具的出土，反映了河姆渡遗址的居民们所用的耕作方法，已超越了刀耕火种的阶段，进入了耜耕农业的时期。

1988年在湖南澧县彭头山遗址中发现的稻谷与稻壳，把我国出现稻作农业的时间又向前推了1000余年。考古工作者发现，这里出土的陶器碎片中夹有大量稻壳和稻谷，唯因全部炭化，已无法从陶片中将它们完整地剥离出来。但经体视显微镜观察，属稻谷和稻壳无疑。通过显微放大，稻壳的内部层理及中间网络结构均较清晰，经碳14测定，彭头山遗址的年代为距今8200—7800年（未作校正）间[1]，比河姆渡遗址还要早。因此，这里发现的稻作遗存是我国目前所知年代最早的一处，也是世界上已知年代最早的稻作农业标本。

彭头山遗址地处澧水北岸的澧阳平原，是湖南境内最大的平原之一。它介于武陵山余脉与洞庭湖盆地之间，东连湖区、西北邻近山地，海拔36—40米，属河湖平原。对遗址文化层的孢粉分析表明，该地属暖性针叶林为主的森林—草原环境，气候暖湿，气温较现代略低，但正处于全新世早期的升温期。森林－草原环境既可保证人们狩猎与采集，

---

[1]　湖南省文物考古研究所等：《湖南澧县彭头山新石器时代早期遗址发掘简报》，《文物》1990年第8期。

获得主要的生活来源，又使人们可在水系边缘开荒种植水稻。因此，森林－草原环境很可能是最有利于农业起源的地方。不过，居住在彭头山遗址的先民能够建造地面建筑，制作釜、钵、盆、碗、盘等多种陶器，生活条件较旧石器时代明显改善。这里发现的水稻可能还不是我国最早的稻作遗存。

过去，人们一般认为，亚洲水稻最早起源于印度，然后传入我国。现在河姆渡、彭头山等古遗址出土的稻谷、稻壳及有关遗物证明，最早的栽培稻是我们的祖先培育出来的。

我国的栽培籼稻被认为是从普通的野生稻演变而来。以后，在籼稻的传播与栽培过程中，为适应气温较低的生态环境，产生变异分化，又出现了粳稻。据鉴定，上海青浦崧泽遗址下层出土的稻谷和米均为粳稻。桐乡罗家角和苏州市吴中区草鞋山遗址第 10 层出土的稻谷，大部分是籼稻，一部分是粳稻。在长江中游地区的京山屈家岭、天门石家河、武昌放鹰台等遗址中出土的稻作遗存全是粳稻。其中屈家岭出土的粳稻是我国稻作中颗粒较大的粳稻品种，和现在长江流域普遍栽培的粳稻品种比较接近。

据碳 13 测定提供的古代居民食谱信息，证实我国古代居民的食谱存在南稻北粟的格局。同时证实北方地区居民食谱中粟的比重在增加。例如：居住在西安半坡、宝鸡北首岭的仰韶文化的居民食谱中，粟的成分占了将近一半；到了龙山文化时期，山西襄汾陶寺的居民食谱中粟的成分占了 70%。而且猪的食谱中也有较多粟的成分，说明家猪的饲料中粟或谷糠的数量也增多了[1]。

农业出现以后，人们在长期的生产实践中不断摸索，积累经验，使

---

① 蔡莲珍、仇士华：《碳十三测定和古代食谱研究》，《考古》1984 年第 10 期。

耕作技术逐渐得到改进。但是，无论是北方还是南方，最初的耕作方式都是很粗放的。他们大概都经历过火耕阶段。所谓火耕，是用石斧等工具把树木砍倒，晒干后用火焚烧。这样既开辟了荒地，烧后的草木灰也成了肥

石斧

石斧是远古时代用于砍伐等多种用途的石质工具。斧体较厚重，一般呈梯形或近似长方形。

料。经火焚烧后的土地也较疏松，人们就用一端砍尖的木棒掘洞，在洞内点播种子。此后，人们就等待谷物成熟，届时再去收获。那时，人们还不懂得施肥与中耕。一块地种了几年，等肥力减少时，就弃置不用而另开耕地。这种耕作方法在近代的一些落后民族中仍能看到。

大约在距今六七千年前，我国古代先民已掌握了锄耕或耜耕方法。

在一些新石器时代遗址中出现了石铲、石耜、骨耜等掘土工具，表明人们已经懂得播种前要先翻土地。用工具翻土，能使土质疏松，改良土壤的结构，延长土地的使用年限，并扩大耕地面积。这对提高农作物的产量有重要意义。石锄、蚌锄的出现，可用于中耕锄草；石镰、蚌镰、带孔的石刀、陶刀等则是收割谷物的工具。原始农业发展到这个阶段，农作物的收获相对有了保证。人们可以较长时间定居在一个地点，在几块土地上轮流倒换种植农作物，

石耜

原始社会人们使用的石制锹形农具，可以用来松土，保持土壤肥沃。

不必经常为开垦新荒地而迁徙流动。

新石器时代的居民们大多选择在河流的二级台地或河网地区居住。那里离水源较近，居民的饮用水就近汲取，比较方便。当掘井技术被人们掌握以后，井水除了供人们饮用外，有的还可用于灌溉。崧泽遗址中发现的属马家浜文化的直筒形水井，是迄今发现年代最早的直筒形水井，距今约 6000 年。此外，苏州澄湖、昆山太史淀、嘉兴雀幕桥、余姚河姆渡（上层）等地距今 5500—4000 年间的古遗址中也都发现了水井。这些水井是否都已用于灌溉，似还不能一概而论，但据水稻生长的特点推测，河姆渡遗址的居民在耕种水稻时，已初步掌握了依地势高低开沟引水和做田埂等排灌技术。随着农业生产技术不断改进，农作物产量增加，人们居住在一个地点的时间也就越来越长。因此，在新石器时代中期出现了具有一定规模的居民聚落。例如秦安大地湾、西安半坡、

上海崧泽遗址博物馆

崧泽遗址发现于 1957 年，地处现在的青浦区赵巷镇崧泽村，是上海地区最早的人类居住地之一。2013 年 5 月，被国务院核定公布为第七批全国重点文物保护单位。

临潼姜寨等遗址，就是其中有代表性的地点。考古研究证明，一个聚落中的人群世代相传，在劳动、生息、繁衍中，前后经历的时间可达一二百年至数百年之久。

由于耕作技术的进步，人们培育的农作物品种也越来越多。郑州大河村遗址一座仰韶文化的房屋基址中出土了一件陶瓮，瓮内储藏的粮食已经炭化，经过鉴定，被认为是高粱。甘肃东乡林家遗址，在马家窑文化的一个袋形窖穴中，整齐地放置着当时割下的捆成小把的稷穗，其储量达 1.3 立方米。20 世纪 50 年代在安徽亳县钓鱼台的一个陶鬲中发现了小麦。因有人怀疑陶鬲并非龙山文化遗物，故不被引用。后来在甘肃民乐县东灰山遗址中发现了炭化粮食，经鉴定，有小麦、大麦、粟、高粱、稷等品种。碳 14 测定的年代为距今 5000±159 年。其中炭化小麦大多为短圆形，形态完整，胚部清楚。大粒型被认为是普通小麦种，小粒型可能属密穗小麦。这些发现表明，虽然粟是北方地区先民们耕种的主要作物，但人们还培育了其他谷物品种，人们对谷物的需求已逐渐多样化。

高粱

高粱属于经济作物，按性状及用途可分为食用高粱、糖用高粱、帚用高粱等类。高粱在中国栽培较广，以东北各地为最多。

同时，生长在长江以南的水稻，也逐渐向黄河流域落户。20 世纪 20 年代在河南省渑池县仰韶村曾发现过稻壳遗存；50 年代在陕西华县泉护村的仰韶文化遗存中也发现了类似稻谷的痕迹，不过数量很少。近年在发掘陕西扶风的案板遗址时，发现了水稻遗存，经灰像法鉴定得以确认。在河南临汝李楼遗址的龙山文化遗存中也发现了炭化稻谷。这说明黄河流域的居民至少在龙山文化时期已经种植水稻了。水稻虽然起源于热带与亚热带地区，但它的适应性较强。只要满足它对水与日照的要求，气温较冷的地带也是可以种植的。在新石器时代许多遗址中都发现了植物果实，如裴李岗遗址中有梅、酸枣、核桃；河姆渡遗址中出土有葫芦、橡子、菱、酸枣、薏米、桃等，这些都是当时的居民所采集的野生果实。但到仰韶文化时期或其前后，许多地方已经出现了初级园艺，种植了蔬菜。如西安半坡遗址的 38 号房基内一个小罐中贮存的芥菜或白菜的菜籽，秦安大地湾遗址中出土的油菜籽，杭州水田畈、吴兴钱山漾遗址中出土了西瓜籽和甜瓜籽等。长期以来，西瓜被认为来自西域，但上述发现说明西瓜早在新石器时代即被长江下游的居民所培育。经过鉴定，吴兴钱山漾、杭州水田畈遗址中还出土了花生、芝麻、蚕豆、菱角、毛桃、酸枣、葫芦等植物种子。其中花生已经炭化，形状近似小粒种；芝麻的内部已空，所剩种皮比较新鲜，颗粒比现代的栽培品种略大；蚕豆呈半炭化状态，与现代的栽培品种不很相似；菱角已炭化，形状与现在嘉兴南湖所产的双角菱相似，但个体略小。有人认为上述品种中有相当一部分种子是良渚文化先民种植的农作物。它们的形状与现代品种的差异，是 5000 年来在长期栽培过程中因人工选种等因素造成的。

新石器时代晚期的耕作技术又有进步。一些地方已进入犁耕农业的阶段，还出现了原始灌溉工程，这使农作物的产量进一步提高。农业提供的农产品除了满足农业生产者自身的消费外已经有了剩余，因此社会中有一部分人已脱离农业生产，去从事其他生产活动，出现了农业与手工业的分工。继专业陶工之后，琢玉、牙雕与金属冶铸业等也陆续出现。在这种情况下，私有制迅速得到发展。一些地方出现了早期城市。所有这些，预示着社会正朝文明时代过渡。

畜牧业与农业一样是人类社会发展到一定时期的产物。它只有在人们的生产技术与经验积累到一定水平的时候，家畜的饲养才能产生。原始人类最初的食物来源主要靠狩猎和采集，动物的驯养则是狩猎经济发展的结果。弓箭出现以后，提高了狩猎的效果。网罟、陷阱、栏栅等在狩猎中的使用，使人们能够捉到活的动物。人们捕获的动物时多时少。当捕获的动物数量较多的时候，人们没有立即将它们全部屠宰，而是用绳索捆绑或用圈栏圈养起来，待食用时再去屠宰。特别是捕获的幼仔，食用又嫌肉少，它本身又不伤人，圈养以后还日见长大，这或许是引发人类去驯养动物的始因。其中，狗经过驯养以后，还成为狩猎时的帮手，因此，狗被认为是最先驯养的动物。

河北徐水南庄头遗址出土的动物遗骸，经过鉴定，认为狗与猪可能均已被驯养成家畜。南庄头遗址是迄今我国新石器时代遗址中年代最早的一处。因此，这一发现为我国的家畜饲养业起源于万年前后的推测提供了重要的依据。

家畜饲养业一经出现，驯养动物的品种也不断扩大。例如武安磁山遗址中，发现除了猪、狗在当时已被驯养为家畜外，出土的鸡骨经过鉴定，证明鸡在当时也已成为家畜。其中，家猪遗骸中，未成年猪占了将近30%，新郑裴李岗遗址中也发现了这三种家畜。余姚河姆渡遗址中，除家猪外，还有羊和水牛，特别是水牛的数量很多，在出土的动物遗骸中占有相当比例。猪与羊还被做成陶塑品，在遗址内也有出土。我国是世界上最早饲养猪的国家之一。河姆渡遗址中出土的小陶猪体态肥胖，腹部下垂，四肢较短，前后躯体的比例为1∶1，介于野猪（7∶3）和现代家猪（3∶7）之间，整个形态和野猪相去甚远。在考古发掘中，几乎

每个新石器时代遗址内都发现有猪的遗骸。许多实例表明：凡是以农业为主要经济的氏族部落，都以猪作为主要家畜来饲养，猪成为人们食用肉类的主要来源。河姆渡遗址出土的水牛遗骸是目前已知年代最早的家畜标本。作为家畜，它供人们役使，肉供食用，牛肩胛骨还被制成骨耜来使用。所以，长江下游地区可能是饲养水牛的发源地。在黄河流域，大约在仰韶文化时期已饲养黄牛。在龙山文化时期，又增加了马和猫。这样，到中国新石器时代晚期，马、牛、羊、猪、狗、鸡这"六畜"，均已成为家畜而被人们饲养了。

　　反映这种饲养情况的，还有圈栏遗迹。河姆渡遗址中已发现木栅圈栏。

　　在临潼姜寨遗址内也发现了两处圈栏，呈圆形，直径约 4 米，周围有木栅，栏内有 20—30 厘米厚的畜粪堆积。此外还有两个牲畜夜宿场，面积达 100 多平方米。这说明当时饲养的牲畜已有一定的数量。

三、新石器时代的科学技术

动物驯养成家畜以后，它们繁殖的后代也陆续传播到各地。例如水牛虽然最初在长江下游被驯养，但从考古发掘的情况看，在年代较晚的大汶口文化、龙山文化中也已被发现。其中，河北邯郸涧沟与陕西长安客省庄都距长江下游甚远，但在龙山文化遗址中都发现了水牛的遗骸。

家畜饲养业与农业是差不多同时出现的。在这之前，由狩猎与采集而得到的野生动植物，是人们食物与生活资料的主要来源。这在很大程度上是依赖于自然界的恩赐。自从农业与家畜饲养业出现以后，虽然仍有狩猎与采集活动作为获取食物与生活资料的来源之一，但已基本上改变了人与自然的关系。人们开始从耕地上获得粮食，从家畜饲养业中得到肉食，这是人类靠自己的劳动来增殖天然产品，为自己找到了比较稳定、可靠的衣食来源。同时，家畜饲养业为制作骨质工具与用具、武器及装饰品等提供了部分原料。例如，河姆渡遗址中出土的农业用工具骨耜，有一部分来自饲养的水牛。用骨料制作的骨匕是人们的食具；骨簪、骨珠、骨管是人们常用的装饰品；骨镞则是当时重要的武器。因此，家畜饲养业的出现与农业的出现一样，在历史上具有重大意义。

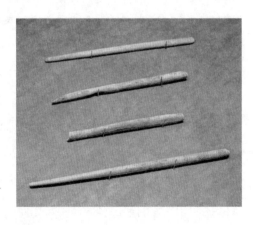

**骨簪**
精选脱脂干净的兽骨刻制，根据规格、尺寸切成长条后进行细致地打磨，是古代女性的主要装饰品。

当家畜的价值被人们逐渐认识之后，被饲养家畜的数量也逐渐增多，并被视为财富，成了人类最早的私有财产之一。这种情形在新石器时代晚期已经出现。少数人将家畜与其他随葬品一起放入死者的墓穴，以显示死者生前的富有。随葬家畜的数量与墓穴的大小成正比，墓穴越大数量也越多。山东泰安大汶口墓地的 133 座墓葬中，有 43 座放有猪头、猪下颌骨，一共放有 96 个，最多的一墓放有 14 个。山西襄汾陶寺墓地的大墓中随葬的猪下颌骨，少的有几个，多的达几十个。这种情况正说明当时的家畜饲养业有了较快发展。它的发展，为农业与畜牧业、手工业的分工创造了条件。而农牧业的发展，是使脑力劳动从体力劳动中分离出来的物质基础。

## （三）陶器的发明与制陶技术

早在 1 万年前新石器时代的早期，人们就发明了制陶术。从徐水南庄头遗址中出土的两片夹砂红陶片可知，它已不是最原始的陶器。它的

南庄头遗址

南庄头遗址位于河北省保定市徐水区南庄头村，2001 年 7 月南庄头遗址被国务院公布为第五批全国重点文物保护单位。

发现，说明我国古代先民至少在 1 万年以前就已掌握了制作陶器的技术，并已懂得了在做炊器用的陶器中要加进砂粒，以防烧裂。

陶器的发明，在制造技术上是一个重大的突破。用泥土烧制的陶器，既改变了物体的性质，又塑造出便于使用的形状。它使人们在处理食物时，除了烧烤之外，又增加了蒸煮的方法。陶制的食器为人们进食提供了方便，陶制的容器可用于储存谷物、饮用水和各种食物；陶制的纺轮、陶刀、陶拍子，又是纺织与制陶的工具，在生产中发挥着特定的作用。因此制陶技术出现以后，陶制品成为社会生活与生产的必需品而被人们所接受。特别是对定居下来从事农业生产的人群，更成为不可缺少的物品。他们在长期的生活实践中不断总结、提高，因而在制作技术、器物造型和装饰方面，都在不断改进，创造和制作了一批批精美的生活用品与艺术品。陶器是新石器时代先民制造的物品中数量最多的一种，也是这一时期工艺技术水平的代表性器物。

世界上很多地方的陶器，是人们在竹木编制的容器上涂上黏土，想使它能够耐火烧烤而偶然被发明的。经过一段时间，人们发现成型的黏土只要里面有个孔腔，也可以烧制成陶器，这才促使陶器真正出现。当然，这是经历了很长的过程的。

制作陶器的陶土一般都就地掘取。最初只取泥土中比较纯者，故包含较多杂质。后来人们学会了淘洗，并按实用要求加入各种羼和料。因此，考古学家将它们分为"细泥陶""泥质陶"和"夹砂陶"等。前两种用作容器、食器的制作。制作炊器时，为使它受热时不致裂开，就必须在泥料中加进适量的砂粒。此外，也有羼入其他原料的。如河姆渡遗址、彭头山遗址中均发现有羼入稻壳的陶器，而北方一些地方的陶器有的加入一些蚌壳的碎末。到了新石器时代中晚期，有的地方还选用高岭土为原料，烧制出白陶制品。

陶器的制作，最初是用手捏成泥坯，一般都是小型物品。另一种是搓成泥条，盘筑成形，再从里外两面加工（主要是通过挤压使之结合，外表也变得光滑）。这可以制作器形较大的陶器。这些方法都称为手制。这两种方法是新石器时代陶工们最常用的方法，延续的时间很长。大约在仰韶文化中期又出现了慢轮修整的方法，即将成形的泥坯放在可以转动的圆盘——陶轮上，在转动中整修泥坯的口沿等部位，使之更加规整。后来，陶工们发明了快轮制陶法，即将陶土坯料放到快速转动的陶轮上，用双手直接拉出陶器的坯型。采用快轮制陶能够一次拉坯成型，使产品质量和生产效率都有很大提高。这种方法大概在仰韶文化和马家浜文化的晚期即已出现了，盛行于龙山文化时期。不过，制陶技术的发展也不平衡，如齐家文化中甚至不见轮制法。新石器时代的陶器，一般都有花纹作装饰。即使是素面陶器，有的也在陶坯尚未干透时，用工具在陶坯表面打磨光滑。这样烧出的陶器器表光亮，称为磨光陶器。在陶坯表面还有压印绳纹及各种刻画花纹的。有的用细的骨、木工具在陶坯上划出弦纹、几何形纹或戳印成点状纹等。有的在器物表面堆塑泥条或泥饼，有的则在器柄上镂出圆形、方形、三角形等各种孔作为装饰。在陶坯表面施一层薄薄的特殊泥浆后再烧制的陶器，在施以泥浆的部位，其颜色与陶器的本色形成反差。这叫施加"陶衣"。在陶坯上绘以黑色、红色或其他彩色花纹后再烧制的，被称为"彩陶"。它与烧成后再绘制彩色纹样的彩绘陶不同，这种彩陶的图案是不易脱落的。

烧制陶器的工作，最初是在露天进行的。人们把晾干的陶坯放在柴草堆上，点火燃烧柴草，烧制陶器。用这种方法烧陶，由于温度较低，陶坯受热不均匀，烧成的陶器表面往往出现红褐、灰褐等不同颜色，陶胎的断面上可以看出未烧透的夹心。后来出现了陶窑，因温度较高，陶器在窑内受热均匀，质量明显提高，颜色也较一致。以后在烧陶过程中采用渗炭的方法，烧出的陶器呈黑色，称为"黑陶"。

**陶瓷烧窑**
我国境内已发现大量新石器时代以来的烧陶窑场。早期陶窑燃料通常是木柴和植物茎干。

从目前发现的考古材料看到，我国古代的先民虽在1万年前即已掌握了制陶技术，但在距今七八千年前的磁山文化、裴李岗文化时期，制陶技术仍较原始。当时制作陶器均为手制，火候也不够。据测定，磁山文化的陶器的烧成温度在700—930℃，质地比较粗糙。但已有夹砂陶与泥质陶之分。陶器多素面，约有三分之一有纹饰，主要是浅细绳纹、划纹、剔刺纹等。还发现了一片简单的彩陶。制作的器形有椭圆陶盂、敞口浅腹罐、小口双耳壶、圈足碗、圆底钵、锥足钵形鼎、长方浅盘、四足鼎、小陶杯等。

到了仰韶文化时期，无论从陶器的质地、造型、装饰，还是从焙烧技术看，制陶技术已经达到相当成熟的程度。

仰韶文化的陶器生产，虽然以手制为主，原料也就地取材，但都经过一定选择，即选择那些适合制陶工艺要求的陶土。如半坡附近浐河河谷的沉积土，它的可塑性和操作性能都较好。细泥陶的陶土，一般经过淘洗。制作炊器和大型容器的夹砂陶，都掺入了颗粒均匀的砂粒，以改善陶土的成形性和适应炊具所需要的耐热急变性能。用泥条盘筑的方法制作大件陶器时，先要把底、腹、颈分别做好，然后结合成形。成形的陶坯先放在席子上阴干，所以器底常常留有席纹的印痕。有些器物的口部和上腹部留有轮修的纹样，说明使用了慢轮修整技术。在华县泉护村、磁县下潘汪、郑州大河村等地的中晚期遗存里，还发现了周身有旋纹、底部有割痕的器物，有人认为仰韶文化晚期已经出现了快轮制陶术。

仰韶文化的陶器多为红色。除一部分陶器表面为磨光素面外，不少陶器表面施以弦纹和粗、细绳纹或篮纹。绳纹与篮纹，系用陶拍拍印而成。仰韶文化中的彩陶是新石器时代制陶业最有代表性的成就之一。彩陶是在制成陶坯后由陶工绘上去的。前期以红陶黑彩为主，多施于盆、钵类的口沿与上腹部。中期以后，在一些地域，如洛阳、郑州一带，盛行在陶器表面饰加白色、黄色或红色陶衣为衬，再绘以黑、棕、红色的单彩或双彩。其中白衣彩陶，因在白色陶衣上绘以黑、红色双彩，利用色泽的反差，产生良好的艺术效果。彩料经光谱分析，认为

红陶细颈壶
由细泥红陶烧制而成，通常用于装水。

赭红彩中的主要着色剂是铁，黑彩中的主要着色剂是铁和锰，白彩中除少量铁外，基本上没有着色剂。这些彩绘用的原料都取自天然的矿物质。赭红色彩料可能是赭石；黑色彩料可能是含铁很高的一种红土；白色彩料则可能是配入熔剂的瓷土。彩绘的工具很可能是原始毛笔或钝头工具。西安半坡、临潼姜寨、宝鸡北首岭等地的墓葬中，发现过盛有颜料的小罐和带有红色颜料的研磨用锤、磨石、石砚等物，可能都是陶工生前所用的遗物。

仰韶文化遗址中发现的陶窑已有近百座。它们在居民聚落中往往三五成群地出现。陶窑的结构比较简单，大致分为横穴窑和竖穴窑两种。它们都由火门、火膛、火道、窑室等组成。横穴窑可举半坡 3 号窑为例。火膛长约 2 米，底部平整，上部略呈穹形的筒状通道，火膛后部为三条火道，向上汇成一个圆形通道，经窑箅上的火眼与窑室相通。窑室近圆形，直径 80 厘米，窑箅四周有火眼，但靠近火道处的火眼稍小，远离火道处的火眼稍大，似为调节火力而有意设计的。竖穴窑的特点是火膛与窑室基本垂直。为支撑窑箅，火膛中有时留一竖柱。偃师汤泉沟发现一座完整的竖穴窑，窑箅中间有一个圆形火眼，四周为六个弧形火眼。发现时，窑室中还有三件小口尖底瓶、一件双耳平底壶，但均已变形。

根据仰韶文化陶片的高温涨缩率来看，一般陶器的烧成温度可达950℃—1050℃。

反映仰韶文化时期制陶水平的另一方面是制作的陶器种类明显增多，且造型规整、装饰纹样华美。就器形而论，常见的有盆、钵、罐、瓶等，大者有瓮、缸，小者有陶杯。此外还有陶制的釜、灶、镂空器座等。它们的造型为用途与功能所规定，已相当规范化；它们的彩绘花纹主要是条纹、涡纹、三角涡纹、圆点纹、方格纹等组成的花纹带，以及人面鱼纹、蛙纹、鸟纹、植物花纹图案等。特别可贵的是：不少陶器本身就是艺术珍品，如华县太平庄出土的鹰鼎、宝鸡北首岭的船形壶、北首岭与临潼姜寨出土的细颈壶及壶上所绘鹰鱼画面、临汝阎村出土的鹳鱼石斧图等，其造型别致，形象生动，殊为难得。此外，一些陶器上还有陶塑附件，如西安半坡的陶塑人面、华县泉护村的隼形饰、陕县庙底沟的壁虎、临潼姜寨的羊头陶塑器钮等，都是难得的装饰艺术品，具有较好的观赏性。大汶口文化、马家窑文化中也有这类艺术品，如泰安大汶口的猪形器、大通上孙家的舞蹈纹盆、乐都柳湾出土的雕塑裸体人像彩陶壶等。这些艺术品的出现也反映了当时人们在创造物质生活的同时，对精神生活方面的追求也是很迫切的。尽管他们的生活水平还很低，但是他们创造的这些艺术品本身，反映了人类对美的渴望与追求始终是很强烈的。这种追求是人类创造力的源泉，在一定意义上说也是科技发展的原动力。

新石器时代晚期的制陶业又有很大发展。在龙山文化中，快轮制陶术已被普遍使用。陶器生产可能由氏族的共同事业变为由少数掌握制陶技术的人所专管，成为专业化生产的产品。他们制出了一批漆黑光亮的泥质黑陶器，其中山东两城镇发现的磨光黑陶上还刻有纤细的云雷纹、兽面纹纹样。当时制作的造型复杂却并无实用价值的高柄杯，薄如蛋壳，厚仅1毫米左右，轻若纸杯，但较坚硬。制作这种陶器，在泥坯和制作技术方面都有特殊的要求，非一般工匠所能胜任，是专业化生

**泥质黑陶器**

泥质陶是古代陶器的一种。经过选择、淘洗的陶器称为"泥质陶"。

产的产品。这种陶杯只在少数大型墓中出土，如山东胶县三里河2124号墓中出土4件。它们在当时也是弥足珍贵之物，故为少数权贵所占有和享用。

这一时期，陶窑的结构又有改进，烧制温度可达1000℃，并掌握了在高温时密封窑顶，再从窑顶渗水入窑，使窑室内氧化不足，让陶器在还原焰中焙烧，从而使其中的铁质多转化为氧化亚铁，以获得黑色或灰黑色陶器的效果。

白陶是新石器时代发展制作的另一种物品，它在仰韶文化晚期已经出现，大汶口文化和山东龙山文化中发现较

薄胎黑陶高柄杯

薄胎黑陶高柄杯是1975年山东省胶县三里河出土的新石器时代文物，目前藏于中国国家博物馆。

多。长江流域也有发现。它是用高岭土或瓷土为原料烧制而成。由于瓷土中氧化铁的含量比陶土低得多，所以烧成后呈白色。白陶烧造温度较高，可达1000℃以上。由于尚未发现陶窑等遗迹，其烧制技术还有待研究。高岭土是制造瓷器的原料。我国原始瓷的出现约在商代中期，但白陶的烧造，为后来瓷器的出现创造了条件。

## （四）原始社会的建筑技术

建筑业的出现是人类征服自然、改造自然的一个重要成就。人类最初的居住形式，可能是巢居与穴居，所以古代文献中有巢居和穴居的记述。如"上古之世，人民少而禽兽众，人民不胜禽兽虫蛇。有圣人作，构木为巢，以避群害，而民悦之，使王天下，号之曰有巢氏"（《韩非子·五蠹》），"古之民未知为宫室时，就陵阜而居，穴而处，下润湿伤

民，故圣王作为宫室"（《墨子·辞过》）。也有的说"冬则居营窟，夏则居橧巢"（《礼记·礼运》）。所谓巢居，主要是指那些借树木构筑的窝棚，如同鸟巢那样，它既可避免猛兽侵害，又可脱离潮湿的地面。这种建筑形式，到后来发展为干栏式建筑。所谓穴居，是将山洞作为居室，这就是今天在一些山洞中找到旧石器时代遗址的缘由。不过，洞穴不是人类最理想的栖身之处，因为它们的位置多在山腰以上的高处，距水源较远。一旦被雨水浇灌、淹没或被鬣狗等凶猛的野兽侵占，他们就不得不转移他处，另觅栖身之所。进入新石器时代以后，人们从丘陵地区进入平原，已无洞穴可以栖身，于是仿照旧石器时代的洞穴而用石器、木器等工具，人为地在黄土地带的台地断崖制作横穴，以满足遮阴蔽雨防风御寒的要求。这种横穴制作简易，黄土高原的地质也适于制作这种居室，所以它一直延续了数千年之久，成为近代民居之一的窑洞。在没有山梁断崖的地方，人们则向地面挖掘，出现了穴居、半穴居的居室，将居室的全部或一部分置于当时的地面之下，再在坑穴的上部架设固定的顶盖。它的缺点是潮湿。一旦被水浸淹，只得搬家。于是后来又出现了地面建筑。这是用墙体与屋顶组成的空间。人们在这种空间中居住与活动，比上述两种居室要优越得多。地面建筑的出现，在建筑史上是个进步。

我国新石器时代遗址中发现的居址，有窑洞式居址、地穴、半地穴式居址、地面建筑居址和干栏式居址等。在距今 8000 年前构筑的居址，其结构已比较合理。如河南密县莪沟发现的五座裴李岗文化居址，平面为圆形，直径 2 米多，门向西南，门前有一条斜坡阶梯门道，与外界相通。室内沿周壁有六个立柱朽后留下的柱洞。居室的周壁及居住面光滑平整。室内未见灶坑，但偏东北处有圆形烧火面，可能是炊煮食物时留下的遗迹。年代最早的地面建筑是在湖南澧县彭头山遗址发现的。

它的平面呈方形，东西长约 6 米，南北宽约 5.6 米，门设在西南角。地面为黄色黏土掺入数量较多的粗砂粒加工而成，厚 5—10 厘米。居室四周均发现了立柱时留下的圆形柱穴。这座房舍的面积较大，梁架的跨度有 6 米，结构已比较复杂。显然，从最初出现的极为简陋的居室发展到这种地面木构建筑之间，已经历了相当长的过程。

人类生存离不开水源。因此，人们选择聚居地点时，大多选在距河流较近的地方，一般都在河岸的二级台地或与支流交汇处的滩地。这样，人们构筑居室时，不能不受到客观条件的限制。例如在没有断崖的地方，就难以建造窑洞式的居室；而竖穴式居室，因排水性能太差，久住使人体感到不适，出入又不方便。所以，目前见到的原始居址中，以半地穴和地面建筑最多。窑洞式建筑居址，在宁夏同心县的菜园遗址等地发现较多。它在黄土的断崖上向里掏出一个空间。周壁为墙，窑顶多作穹窿形。墙面与地面经过修整，比较平整，面积较小，一般只有数平方米。

在黄河流域，约当仰韶文化时期，先民们建造的半地穴式和地面居室，已经考虑到生活的方便而趋于规范化。例如一般的居址，平面多为 3—5 米方圆。在这些居址的内部设有炊煮、取暖及照明用的火塘或火台，灶旁边往往有保留火种的陶罐。粮食大多储放室外。门内右侧多为卧寝的地方，左侧则是放置炊具杂物之处。南向房舍的东北隅，是先民进食与活动的地方。有的居室中筑有一道坎墙，以防火焰烧灼到人体。这些居址，有的在室内中间立柱，有的在周边或四角立柱。可以推测，立柱的上部架有横梁和椽子，再铺柴草，并抹草泥土以防雨水渗漏。室内没有立柱的房子，它的房顶直接搭在墙上。门前设一条坡状或阶梯状门道，在门道上部也搭有遮雨的门棚，以防雨水倒灌。这种房舍是为适应对偶家庭而建造的。这些房舍发掘时只剩基座，其形体已不可确知，但从陕西西安长安区五楼村、武功县游凤等地采集的多件陶屋模型或陶器上的屋形装饰图案可知,有的建筑形体呈圆囷状,有的已采用密排版椽。这种结构能合理承受屋面的荷载,檐部能起到防雨的功用。

当时,人们以血缘为纽带,聚族而居,所以在聚居地内都造有大房子。这种大房子在陕西西安的半坡、临潼的姜寨、华县的泉护村、西乡的李家村遗址以及河南洛阳的王湾、甘肃秦安的大地湾等地均有发现。半坡发现的大房子,它的内部分隔成四个空间:前面是一个大的空间,应是公社成员议事用的地方;后面三个空间则为卧室。这种一堂三屋的结构,是前堂后室的雏形①。姜寨发现的大房子,面积百余平方米,中间没有分隔,只在中部偏东处有两根直径 25 厘米的立柱。在中部近门处设一个圆形的深火塘。它也是公共议事厅一类的场所。这种房舍比较高,跨度也较大,所用的木材也很粗。它的建筑技术比小房子要复杂得多。

这些房舍的发现,说明人们已经掌握了用树木枝干制作骨架架设空间结构的技术,出现了柱与椽(斜梁)。其中的立柱起到承重的作用。而地面建筑中墙体的出现,除有防火的作用外,还在外围结构上出现了人工构筑的承重直立部件。这样,就有可能建造形体更高大的房舍。因此,这种承重墙的出现,在建筑史上具有重要意义。半坡与姜寨遗址都出现了厚重的垛泥墙,在应力集中部位内加支柱。在柱基处理上,也出现了掺有红烧土块、碎骨片、碎陶片等物质,以增加柱脚的固定性。在庙底沟遗址 301、302 号房基的中心柱下,垫有扁砾石作为柱础。这说明先民们已经懂得,为防止立柱下沉,应该增强柱基部的硬度。这在客观上是符合了加大地基承压面、减小压应力的科学原理。与此相应的是,先民们为使居室干燥,想出了许多防潮的办法,如半坡遗址中的居

---

① 杨鸿勋:《仰韶文化居住建筑发展问题的探讨》,《考古学报》1975 年第 1 期。

室地面，有的涂上 5—10 厘米厚的细泥涂层；有的经过烧烤，使地面呈坚硬、光滑的红褐色或青灰色的硬面。这是制陶术发明以后，人们认识到泥土烤烘后可以隔水的道理而在建筑上加以运用。有的则是平铺一层厚 30 厘米的红烧土块；有的用木板铺满居室，上面涂一层防火层，烧成红色硬面。在豫西地区，开始出现了涂一层"白灰面"的做法。安阳鲍家堂的一座房基在黄土底层上垫有黑色木炭防潮层，上面涂有一层白色光滑而坚硬的石灰质面料。秦安大地湾发现的房子居住面是一层用黏土掺和沙子和石灰质的材料，近似近代的三合土，十分坚固。

随着农业的发展，居民的生活更趋稳定，于是聚落也逐渐形成规模。例如宝鸡北首岭、临潼姜寨遗址，占地都在 2 万平方米以上，西安半坡则有 5 万平方米。到了新石器时代晚期，这种聚落所占的面积也更大了，人们对聚落所在地的使用也比较合理。他们把居住区、墓葬区和制陶作业区安排在不同的地块。例如，半坡遗址中居住区占地 3 万平方米，周围有壕堑防护。壕堑的北边是墓葬区，东边是制陶区。姜寨遗址中，墓地与制陶区也在堑外。这样划分，虽与当时人们的意识有关，但将死者与生者分列在不同地块，是符合卫生条件的。将制陶区放在居住区外边，也可避免或减少泥水、烟尘对居住区的污染，这是有利于人们的生活的。半坡、姜寨遗址中，在居住区周围环绕的宽度和深度各 5—6 米的壕堑，既是防御设施，又是雨水的排放沟，这对确保居住区内免遭雨水浸淹或野兽的侵袭也是有益的。

为适应人们生活的需要，居住区内房舍的布局也颇有规律。半坡遗址中，居住区的中心是面积 160 平方米的大房子。它设在广场中部偏西处，门朝东面向广场。45 座中小型房舍环绕广场作环形布置。房舍建筑的间距，较近者为 3—4.5 米。姜寨遗址的中心是广场。广场四周有五组建筑群，东、南、西三个方向各一组，北边有两组。每组都以一

**姜寨遗址**

姜寨遗址是黄河中游新石器时代以仰韶文化为主的遗址，位于西安市临潼区城北，是第四批全国重点文物保护单位。

**半坡遗址**

半坡遗址是中国首次大规模揭露的一处保存较好的新石器时代聚落遗址。1961 年，半坡遗址被国务院公布为第一批全国重点文物保护单位。

个面积 80 平方米的大房子为主体，在它的附近分布有十几座至二十几座中、小型房舍，总共有 100 余座。所有房舍的门都向中心广场。宝鸡北首岭遗址的墓葬区在北，居住区在南，相距 30 米。居住区内房舍分南北两组，相距 100 米。两组房舍的入口作相向布置。中部也是个广场。

在大溪文化遗址中发现了外形为一座房舍，内部则分隔为若干居室，有的居室相通，有的则门向各不相同，而且还出现了推拉式门的大房子。

仰韶文化晚期及与它的年代相近的大汶口文化或其他文化遗址中，还发现了几间房子连间排列的房舍。如郑州大河村发现的三组连间建筑，蒙城的大汶口文化遗址中出现有七间以上连间建筑。大河村遗址中有一组建筑为四间相连，每间都是南北长方形，作东西向并列相连。最西端的一间门向朝南，内有三个土台，上放日用什物和粮食。余三间均朝北开门。中间偏西一间面积最大，有火塘与小套间。套间内也有火塘及土台，应为居室。东二室内也有一土台。东端的一间面积最小，只有 2 平方米，似非居室。这些连间式居址保存较好，墙壁的残存高度有 1 米。当时是先造地基，铺垫一、二层厚约 10 厘米的沙质草泥土，再铺沙质基面，然后沿房基四周栽立木柱。立柱之间加竖芦苇束或绑附横木，并在两侧涂抹厚 10—15 厘米的草泥土。筑好墙壁及室内土台以后，再铺垫数层沙质地面。最后是一层白灰粗沙硬面。这层硬面还拐抹到墙壁和土台之上，然后用火烘烤，使之陶化，以增强硬度。在河姆渡遗址中发现的居住址，是一种栽桩架板的干栏式建筑。它以桩木为基础，其上架设大、小梁（龙骨）以承托楼板，构成架空的建筑基座。上边再立柱、架梁、盖顶。

河姆渡遗址中的桩木有圆桩、方桩、板桩三种。圆桩的直径一般

**河姆渡棚屋**

河姆渡棚屋属于干栏式建筑，南方潮湿，雨水量大，建筑需要做好防潮措施，因此用木材搭建房屋时需高于地面，有利于防洪。

为 8—10 厘米，最大的直径 20 厘米。最大的方桩截面为 15 厘米 × 18 厘米，板桩的厚度为 3—5 厘米，最宽的有 55 厘米。一般木桩打入地下 40—50 厘米，主要的承重用木桩深入地下达 1 米。楼板距地表 80—100 厘米，厚度为 5—10 厘米，长约 80—100 厘米，都浮摆在小梁上。位于第四层的一座干栏式长屋，作西北—东南走向，有相互平行的四排桩木。长屋的长度在 23 米以上，进深约 7 米。面向东北的一边，还有宽约 1 米的前廊过道。这里发现的建筑木构件

**燕尾榫**

燕尾榫是一种平板木材的直角连接节点，梯台形的榫可以使工件的角部高强度接合，避免在受力时脱开。榫头做成梯台形，故名"燕尾榫"。

中，粗大圆木直径23厘米、长6米余。榫卯构件上的榫头和卯眼近似方形，都是垂直相交，常见于承托干栏式建筑的木梁、屋梁和柱头、柱脚上。其中较进步的燕尾榫和带梢孔的榫，可以防止构件受拉脱榫。此外还有两侧向里剞出了规整的企口的木板，是密接拼板的一种较高工艺。这说明距今7000年前，我国木作手工工艺和建筑技术达到了相当高的水平。

龙山文化时期建筑技术的一大进步是夯筑技术的出现。已经发现了多座用夯筑技术建造的城墙，而且出现了土台式建筑居址。目前在山东寿光的边线王、章丘县城子崖、邹平丁公、河南的淮阳平粮台、登封王城岗、安阳后冈、郾城郝家台、辉县孟庄等地的龙山文化遗址中，都发现用夯筑技术建造的古城。此外，湖南澧县城头山的屈家岭文化遗址中也发现了城址。从王城岗、城子崖龙山城址看到，城墙夯筑前，先挖基

城子崖遗址

城子崖遗址，位于济南市章丘龙山镇龙山村，其发掘工作对中国史前考古与古史研究产生了深远影响，享有中国考古圣地之誉。1961年，被国务院公布为第一批全国重点文物保护单位。

础槽，然后填土逐层夯筑。城墙宽度一般为 10 米左右。丁公古城墙基宽 20 米。这些城墙，多在四边开门。城外一般都有壕沟。城的平面均为方形或长方形。城的规模以城子崖古城最大，长 450 米，宽约 390 米。王城岗古城最小，长宽均不足百米。由于这些古城的发掘工作做得不多，古城内的建筑情况还不很清楚。但是这些城垣建筑本身就是大型土木工程，它们的出现是生产和技术进步的表现。

日照东海峪发现的九座房基，均为长方形土台式建筑。土台的四周呈墁坡状，以利散水，台面分层筑成。四周的墙壁由台基起筑，用黄黏土夹杂石块垛成，拐角处所夹石块增多。有的墙段在台基上挖槽，然后起墙。室内地面也分层筑成。有圆形灶坑及柱洞，柱子洞的底部垫有陶片。这九座房屋基址的方向均朝西南，并列成排，结构大体相同，似有一定布局。

安阳后冈龙山文化遗址中发现的建筑基址与日照东海峪的有所不同，但也有代表性。已清理的 38 座房基，都是圆形地面建筑。最大的直径为 5.7 米。它的建造过程是先在地面垫土，筑成一个台形基址，随后在台基面上挖出建墙的槽，在槽内建墙。这里的墙有土墙、木骨泥墙和土坯墙三种，其中尤以土坯墙的出现最值得注意。这种土坯用深褐色土制成，它的大小尚无统一规格。每块土坯的长度为 20—45 厘米不等，宽约 15—20 厘米，厚度在 4—9 厘米之间。墙体系土坯错缝垒砌，以细黄泥做黏合料。墙建成以后，再在房内填土并经夯打，故夯窝清晰，直径为 3 厘米左右。然后铺抹一层草拌泥，在草拌泥上再抹一层白灰面，或者再铺一层黄土，夯打成硬面。墙的外面也垫黄土并拍打成斜面，以便散水。有的房舍地面上平铺一层木条，做成放射状，排列很紧密。每座房子都开有一至两个房门，有的房门安有门槛。房屋基址的周围还发现了浸泡石灰的坑，坑中还有尚未用完的石灰及石灰渣。经鉴

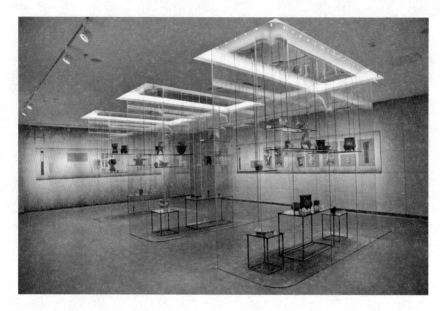

龙山文化博物馆

龙山文化博物馆是山东首座史前遗址博物馆。馆藏精品有红陶鬶、香熏炉、石盘、石棒等。

定，这是人工烧制的石灰遗存。遗址内还发现了涂抹石灰用的抹子。龙山时期出现的夯筑技术，并用于建造城墙和台形基址以及使用土坯垒墙的方法，在我国建筑史上具有重要意义。因为版筑的发明不仅开辟了筑城的历史，版筑与土坯的出现，还为宫殿建筑向高大发展创造了条件。这一时期出现的错缝砌墙、以细黄泥为黏合料的做法；为防潮而在居室地面下设置隔水层或平铺木板（条）的措施；用石灰石烧制石灰作为建筑材料等，对我国后来建筑业的发展都具有深远的影响。

## （五）木、竹、漆器与船、车的制作

前面曾经提到，人类在远古时期就用木材制作工具。只因木质器具不易保存，多已朽没，故在许多地方已不可能找到它的遗物。目前只有在南方地区新石器时代遗址中还保存了一小部分木质器具。它们的出土，从一个侧面反映了史前居民利用木材制作建筑构件、各种工具、用具的情况。

河姆渡遗址中出土的木器数量较多，包括渔猎用的木矛、与织造有关的木刀（纬刀）、木卷布棍以及木铲、木桨、木杵、木槌、齿状器、作为部件装配在多构件复合工具上使用的尖头圆木棒、带榫小木棒、蝶形器、凹形器等。此外还有用木材制成的碗、盆一类生活用具以及圆雕木鱼等工艺品。河姆渡遗址中出土的数千件建筑木构件，大者如直径23厘米、长6米多的圆木，小者如厚2.4—4厘米、宽10—50厘米的木板等，显示了距今7000年前木作手工业的发达。这些木构件上有榫，有卯。大致有柱头和柱脚榫卯、平身柱与梁枋交换榫卯、转角柱榫卯、受拉杆件（联系梁）带梢钉孔的榫卯、栏杆榫卯、企口板等六种。特别是为防止构件受力脱位而制作的燕尾榫和带梢钉孔的榫，以及剜出了规整企口的木板用于密接拼板的工艺，都具有较高的水准。在当时只使用石制工具的情况下，加工制作如此多样规整的榫卯构件，是一项了不起的成就。

当时除了使用有榫卯木构件营造干栏式建筑外，还用木构件制作水井的井圈。河姆渡遗址第二层发现的一口方形水井，边长2米。每边竖靠井壁向下打进几十根排桩。为防排桩倾倒，在排桩内侧支顶一个由榫卯套接而成的方形木框。排桩之上平卧16根长圆木，构成井口的框架。从出土物可知，这座水井的上部还盖有简单的井亭。它用28根木栅栏呈圆形分布于水井的外围，上面用细圆木构件作放射形搭接，并铺以苇席。

吴兴钱山漾、杭州水田畈遗址中出土的木器具数量也较丰富。除了出土木构件建筑遗存外，还有不少工具、用具。出土的木桨有宽翼、窄翼两种。窄翼的木桨其桨身、桨柄都用独木削制而成；宽翼的木桨则是另安把柄。有一件木盆，系用整块木料剜成，口径 34 厘米，腹深 12.3 厘米。此外还有长方形木槽、似小畚箕形的有柄千篰以及木杵、木榔头等。在江苏昆山太史淀发现的良渚文化水井中，有用大树干剖开后剜成四五块弧形木板，长约 2 米，两端凿孔，围接而成的井圈。这些遗迹遗物的出土，说明新石器时代先民的木加工技术也达到了相当高的水平，并为商周时期建造大型宫殿建筑与车、船的制作奠定了基础。

竹器的制作也有悠久的历史。因其易于腐朽而留传下来的数量很少。钱山漾遗址中出土的整、残竹编器物有 200 余件。这些遗物十分珍贵，有竹篓、竹篮、箅子、谷箩、刀箪、簸箕、捕鱼用的倒梢、竹席、篷盖、门扉、竹绳等。这些编制品所用的竹料，多经刮刀加工过，均匀细薄。编制的方法多种多样，随器物的形状和用途而有所差别。它们用经纬篾条交织，采用一经一纬、二经二纬、多经多纬的方法，编成人字纹；还用密纬疏经的方法编成十字纹、梅花眼、菱形花格等。这些竹器具编扎紧密、花色复杂、做工精细。有些器口用较细密的篾丝编结成"辫子口"，使器物牢固耐用。

这些手工制品可能不是专业人员所做，而是妇女们的业余劳动产品。但从篾片的细薄均匀、纹样繁杂，器物做工精巧等方面看，说明她们在用竹篾造型时的巧妙构思与编织才能都是很突出的。

我国古代制作漆器的时间，可上推到 7000 年前。余姚河姆渡遗址第三文化层出土的一件瓜棱形带圈足的木碗，造型美观，内外有朱红涂料，出

木碗

河姆渡遗址出土的木碗，目前藏于浙江省博物馆。

土时色泽相当鲜艳。经用化学方法和光谱分析，结果与马王堆汉墓出土的漆皮相似，鉴定为生漆。这是我国已知年代最早的一件漆器。

漆是一种黏液状涂料，天然漆来自自然界的漆树。它最早可能用于复合工具的粘接，起到加固与防腐的功能。当在天然漆中添加上不同颜色的颜料时，就能调制出各不相同的颜色。如调入硫化汞时，可得鲜红的颜色；调入氧化铁时，可得暗红的颜色等。木质日用品或工艺品的表面涂上这种涂料，就成了漆器。漆器不仅美观，还很耐用。因此，这一发明是古代居民智慧与创造才能的又一表现。

当漆的功能被人们发现以后，它就成为人们的装饰用涂料。它除在木器上使用外，还被移作他用。如吴江梅埝、吴中澄湖等地出土的陶器上都发现了用彩漆所绘的装饰纹样。它们均为马家浜文化遗物，距今有6000年左右。在年代稍晚的良渚文化中，漆器也不断被发现，如余姚反山、瑶山墓地中都发现有漆器，其中瑶山9号墓出土的一件朱漆嵌玉高柄杯，是我国目前所知年代最早的嵌玉漆器。

北方发现的漆器数量较少。但是北方居民掌握漆的功能的时间也相当早。山西襄汾陶寺遗址中出土的彩绘龙盘，是用彩漆在陶器上绘出花纹，就是一个实例。陶寺文化距今4000余年。所绘的龙纹除了作装饰外，可能还另有寓意。

这时期制作的漆器尚处于初级阶段，其工艺自然不能与后世相比，它们都是木胎，像河姆渡所出漆器，木胎较厚，髹漆工艺比较简单，主要有打底、上漆、装饰等步骤。若胎体本身比较光滑，也有不经打底，直接上漆的。装饰则是绘画纹样。当时主要使用红、黑两种颜色。黑色深沉，红色鲜明，由于这两种颜色之间对比较为强烈，原料也容易获得，所以成了古代漆器的主要色调。

随着生产的发展，人们之间的物品交换与往来增多了。于是人们产生了对运输工具的需求，并开始从事交通工具的制作。

古书上有"伏羲氏刳木为舟，剡木为楫"（《易·系辞》）的传说。河姆渡遗址出土的木桨与独木舟残片，说明我们的祖先至少在距今7000年前已经制作出了独木舟。独木舟是先民们使用石斧、石锛等工具将圆木的一面刳成凹形制成的，这样做的结果既增加了船体的稳定性，也提高了运载能力。当时人们从树干在河水中漂浮得到启发，把若干根树干捆绑成木排，成为一种有效的运载工具。在产竹的地方，则出现了竹排。由于这类木排、竹排的材质不易保存，至今已难以发现其实物。不过，制作这类工具远比制作木船要简便得多，以当时的技术条件，制作这类运输工具是完全可能的。河姆渡遗址和稍晚的钱山漾遗址中出土的木桨，与后世木桨的形制十分相似。这是最早的人工制作的船舶推进工具。船只的出现促使水上交通与运输的发展，也扩大了人们从事捕捞活动的范围。

作为陆上交通的车辆，它的发明可能也很久远。因为新石器时代的遗址中，一些产于沿海的物品常常在内陆腹地出现，正说明当时沿海与内陆之间存在交换与往来，虽然至今在新石器时代遗址中还没有发现车的实物。目前见到的最早的车的实物是商代的兵车，这种车的结构比较合理，制作技术已相当进步，这说明在这种车之前应经历了一个相当长的发展过程。最原始的车辆的木轮是没有轮辐的一块圆木，古人称之为"辁"。从辁变为有辐条的车轮，是车的行走部件发生的一大变革。这个变革是在新石器时代晚期完成的。

## （六）原始纺织技术

自旧石器时代晚期人类制作骨针以后，人们就懂得了用针缝制衣服。但当时也还"未有麻丝，衣其羽皮"（《礼记·礼运》）。人们用针缝制皮毛衣服时，所用的原料可能是野生的植物或其纤维。在长期的生产实践中，人们发现用几股纤维合成绳索可以加强抗拉力和耐磨性能，所以在捕捉飞禽、走兽时已经使用了编织的网罟。这种捕猎用具可能是最早的编织物。大概从中得到启发，人们后来又发明了利用植物纤维纺织成布，从而为人类抵御寒冷找到了一种新的材料。

目前发现的最早的纺织用具是河北省武安县磁山遗址中出土的陶纺轮。

由于还没有发现同时期的纺织品，所以当时的纺织技术处于何种状态还难以了解。但是纺轮作为纺织工具的出现，说明距今 8000 年前的磁山文化先民在探索纺织技术方面已经迈出了重要的一步。到了新石器时代中期和晚期，我们的祖先已经掌握了以麻、丝为原料织成布帛的技术，并用这些纺织品来制作衣服。

人们最初使用的织物原料是野生的麻纤维。他们可能从枯败的野生麻秆中发现其纤维很有韧性，于是用它来纺纱和编织。经过若干代人的摸索，最终发明了织布技术。仰韶文化时期，各地的遗址中经常发现布纹和为数甚多的骨针、骨锥、纺轮等用具，这是一些纺织与缝纫时使用

**骨锥**
骨锥出土于广饶县傅家遗址，现藏于山东省东营市历史博物馆。

**新石器时代的陶纺轮**
纺轮最早是石片，后来才成为陶制的生活器具。

的工具。它们的出土，表明原始纺织技术已为许多人所掌握，布已成为人们衣着的重要原料。纺轮有石质与陶质两种，多为圆形，中间有一圆孔。这是将纤维捻成细线的工具。近代有些地方还用类似的纺轮，在孔中插一根 15—20 厘米长的圆棒，利用圆饼状物体转动时产生的力偶使纤维抱合和续接。

当时使用的织机是水平式的。一端固定在立桩上，另一端系在腰间，将麻线来回穿梭编织。织布采用密经纬的织法，成品比较稀疏，每平方厘米有经纬线各 10 根左右，大多为平纹麻布。陕县庙底沟、华县泉护村等许多遗址都发现过这种平纹麻布的印痕。

不过，各地的纺织水平并不一致。苏州市吴中区草鞋山遗址的马家浜文化层中出土三小块炭化纺织物残片，是我们迄今所知年代最早的纺织品实物，经鉴定其原料可能是野生葛。它们都是纬线起花的罗纹织物，织物的密度为：经线每厘米 10 根，罗纹纬线每厘米 26—28 根，地部纬线每厘米 13—14 根。花纹为山形斜纹和菱形斜纹，织物组织结构是绞纱罗纹嵌入绕环斜纹，还有罗纹边组织。马家浜文化比仰韶文化的年代要早，因此这一发现显示了这一地区居民相当进步的织造工艺技术。

织造这种织物的技术比平纹布要复杂一些。河姆渡遗址出土的管状骨针、骨刀、木质纬刀、木卷布棍等遗物（它们的年代比草鞋山遗址出土的织物年代更早），经鉴定可能是原始腰机的部件和引纬工具。这些发现说明，这一地区居民使用的织机比上面提到的要进步。河姆渡出土的纺织工具是目前所知世界上最早的纺织工具。

良渚文化时期，纺织技术又有改进。钱山漾出土的苎麻织品有麻布残片和细麻绳。其中平纹麻布的经纬密度每平方厘米 16—24 根。有的每平方厘米经线 31 根，纬线 20 根，其密度与现在的细麻布相近。苎麻

**苎麻**

苎麻属亚灌木或灌木植物，它生于山谷林边或草坡，主要产于云南、贵州、广西等。

性喜高温湿润。长江下游的气温较高，雨量充沛，是适合苎麻生长的地域。不少地方有野生的苎麻，为人工栽培提供了良好的条件。中国是苎麻的原产地，所以苎麻被称为"中国草"。

良渚文化的居民又开辟了饲养家蚕和生产丝织品的新领域，这是新石器时代居民的一大贡献。吴江梅埝遗址出土的黑陶器上有浅刻蚕纹的图案。钱山漾遗址中出土的丝织品有绢片、丝带和丝线。经鉴定，原料都属家蚕丝。细丝带宽约0.5厘米，是由30根单丝分10股编织而成的圆形带子。绢片的经纬密度为每平方厘米48根，可能是缫而后织的。这是我国迄今发现的年代最早的丝织品实物。这些实物说明早在4200年前的良渚文化时期，我国的丝织业已达到一定水平。

家蚕丝又叫桑蚕丝，与柞蚕丝、蓖麻丝不同（它们不属于家蚕丝范畴），是桑蚕化蛹前吐的丝，颜色洁白，有光泽，手感柔软。一只桑蚕能吐出800—1500米的天然纤维。它由丝朊（也叫丝素，是一种蛋白质）和丝胶（对丝朊起保护作用的蛋白质）组成。现代家蚕比汉代以前的家蚕形体大得多，吐的丝也粗。平均纤度为2.4—3.2旦尼尔，马王堆一号墓出土的单根蚕丝纤度为0.78—0.96旦尼尔。良渚文化时期家蚕的形体更小，所以钱山漾出土的蚕丝纤度偏细，通过增加经纬纱数以达到绢织物的密度，每平方厘米经纬密度为48根。在吴江梅堰袁家棣的良渚文化遗址内，发现一件带柄灰陶壶的腹下部，刻有五条头向一致的蚕纹，其形态与现代家养桑蚕酷似，也可证明良渚文化时期已有桑蚕。这一发现说明早在5000年前我国就已饲养桑蚕，并用蚕丝织出了世界上最早的丝织物。

原始织机的出现，使麻、葛与蚕丝等纤维被织成布、绢等织品。人们制作衣着的原料在毛皮之外又添了新的品种。人们衣着的式样、品种也多样化了，因而出现了以玉、石、骨、蚌为原料制作的坠、环、串等各种装饰品。用麻线织的网，使捕鱼的效率大为提高。各地遗址中大量出土网坠也证明了这一点。总之，纺织技术的发明，大大丰富了人们的生活内容。

## （七）雕琢技术与原始冶炼术

新石器时代石器制作技术的改进，促使不少专用工具出现，这使手工业内部进一步出现分工，出现了雕琢玉器的专业工匠，创造出了一批具有相当水平的礼仪制品和工艺品。这些物品在今天看来虽貌不惊人，但在缺乏金属加工工具、又无专业设计人员的情况下能够制造成功，当可视为人类智慧的一种结晶。

玉器是新石器时代许多地区的居民都很喜爱的物品，所以各地出土的玉器数量很多。目前发现最早的玉器是辽宁省阜新市查海出土的玉龙等制品，距今已有七八千年的历史。但在史前时期出土的玉器中以北方的红山文化和南方的良渚文化的居民制作的玉器数量最多，雕琢技术的水平也比其他地点要高。

玉在我国古代文献中是指一切温润而有光泽的美石。《说文解字》中，许慎给"玉"字下的定义是"石之美者"。因此，广义的玉，泛指许多美石，包括汉白玉（细粒大理石）、玉髓（石髓）、密县玉（石英岩）、岫岩玉（蛇纹石，包括鲍文石）等。狭义的玉，则专指软玉和硬玉。软玉的硬度为 6—6.5 度（莫氏计），比重为 2.55—2.65。硬玉的硬度为 6.75—7 度，比重为 3.2—3.3。据鉴定，我国新石器时代至商周时期出土的玉器主要是软玉。来源主要有新疆和阗、河南南阳、陕西蓝田（独山玉）、辽宁岫岩等。玉之色泽与其含有微量元素有关。如含微量的铬，使其呈翠绿色；含亚铬酸盐（铬和铁的氧化物），则使其呈黑色或灰色；含氧化亚铁，使其呈淡绿色至黑绿色；而氧化铁使其呈黄色、黄褐至黑褐色；钛使玉呈淡黄色；硅酸锰使玉呈紫色或紫红色；氧化锰则使玉呈黑色或灰色。不过，不同元素或化合物的同时存在，也会在呈色方面互相影响。

古人对玉的喜爱，可能与它的色泽、质地等有关，这是古人在精神生活方面对美的追求所进行的一种新的创造。这种创造是对具体形象的创造，它依托玉的各种色泽与细腻的质地制作出各种装饰品与艺术品来丰富和美化生活。他们基于对美的事物的想象所进行的创造是存在于想象中的美的蓝图的再现，所以是对美的追求的一种体现。至于他们所做的玉器中有些形制奇特，所刻的纹样神秘，则与他们的意识、信仰等有密切的联系。例如阜新查海及红山文化中出土的玉龙和良渚文化中出土的玉琮上雕有"神徽"图案，可能与古代的图腾崇拜或人们信仰的某种神灵有关。

制作玉器的工序与制作石器的工序大致相同，即也有选材、切割、琢磨、钻孔等步骤。但因多有纹样装饰，所以雕刻花纹并作抛光处理就成为制玉工艺中很重要的环节。同时，有些玉器要求显示其色泽的晶莹，或求其玲珑剔透，所以技术的难度也就更大一些。如良渚玉器中的几十厘米长的方形玉琮，琮体中空，既要其壁薄，又要雕刻出具有特定寓意的纹样，这就要求先选用合适的玉料，切割成合用的琮体，钻孔时上下直径一致，并雕出粗细、深浅不同的线条构成装饰纹样，最后进行抛光。这期间，每道工序都有特定的要求，制作时相当细致，其技术要求是很高的。制作这些玉器，非专业工匠不能胜任。当时制作的玉器，除了上面提到的琮以外，还有礼仪用的斧、钺、刀、铲、璧、冠形器；装饰用的玦、璜、管、珠、镯、坠以及串饰等。岩石作为制作工具的原料，人们最初只求其硬度达到一定要求，并不在乎它的色泽。但在选材时一旦发现这样一些美石，便引发出制作装饰用品，或礼仪性物品。这是社会生产力获得发展，人们的需求趋于多样化的反映。

在新石器时代中晚期，工匠们还选择了水晶、玛瑙、绿松石、孔雀石等不同原料，制作各种装饰用品。有的还用于玉或象牙雕刻制品上，于是出现了镶嵌术。

红山文化的女神像
这是中国最早的女神像，现藏于辽宁省考古研究所。

新石器时代晚期出现的牙雕制品，如大汶口文化中出土的象牙雕筒、透雕象牙梳，是镂雕工艺发展的明证。此外还有模拟花朵的单环、双连环、四连环的花纹牙串等。大汶口文化晚期还出现了镶嵌绿松石的骨雕筒、象牙琮等比较高级的工艺品。红山文化中出现的女神像与孕妇塑像，是雕塑工艺用于宗教信仰而创造的另一种工艺品。女神头像的双目用玉石镶嵌，更能达到传神的效果。所有这些，都是雕琢技术不断得到改进的产物。在缺乏金属工具的情况下，能制作出这样一些工艺品，更体现了工匠们的智慧与创造才能。

冶金方面的知识，也是在生产活动中逐渐被认识的。最初发现铜金属，可能是自然界存在的自然铜。自然铜的含铜品位可以高达 90% 以上，人们拣拾到自然铜块以后，只要冷锻即能制成铜刀一类小工具。以后，在烧制陶器时，偶然放进陶窑的铜矿石，在烧陶过程中，在高温条件下被熔炼成铜液（如陶器的烧成温度在 950℃—1050℃，已接近铜的熔点），冷却时又凝成一定的形状。久而久之，当人们认识到铜金属的这些特性时，炼铜术就被发明了。我国新石器时代的中、晚期遗址中已经出土了不少铜金属制品。目前已知年代最早的人工冶铜制品是陕西临潼姜寨出土的圆铜片和铜管状物，经鉴定为黄铜。鉴于它所含的杂质较多，研究者指出这类早期黄铜是用含有铅、锌的铜矿石在炼炉中熔炼获得的。这两件铜制品的年代距今约 6400 年。甘肃东乡林家的马家窑文化遗址出土的铜刀，距今约 5000 年。据鉴定它含锡 6%—10%，为锡青铜制品。距铜刀的刀口一二毫米宽处有树枝状晶向排列，说明它是铸造的工具。这是目前所知年代最早的青铜铸件。

迄今发现的早期铜器，以甘青地区为最多，此外，中原、山东地区均有出土。甘肃永登蒋家坪的马厂文化遗址中出土的两件青铜刀，距今 4300 年左右。甘青地

**青铜簋**
圆口，双耳，是古代盛食物的器具，相当于今天的碗。西周时期是簋的盛行时期，不仅出土数量增多，而且形制亦趋复杂。

区的齐家文化遗址中出土的铜器有 45 件，包括生产工具、生活用品和装饰品三类。其中 12 件经过分析，确定为红铜七件、锡青铜四件、铅青铜一件。齐家文化距今约 4000 年。

山东地区的大汶口文化中，在一件骨凿上发现有附着的铜绿，含铜为 9.9%。这一发现或可说明，距今 5000 年前后的大汶口文化的先民对铜金属也有了初步认识。山东胶县三里河、诸城呈子、栖霞相家圈、长岛的店子及日照城安尧等地的龙山文化遗址中也发现了铜锥、铜片、铜炼渣等遗物。其中铜炼渣一再出土，说明采冶业已经出现。山东地区出土的铜制品中，成形者仅铜锥一种，是冶铜业处于原始阶段的反映。在中原地区的龙山文化中还出土有小件铜器，详情在夏代科技成就中介绍。

上述这些地点出土的铜制品都是工具、武器与装饰品等小件器物。它们的加工方法有锻造和铸造两种。其中红铜制品比青铜器要多。青铜器中锡铅的含量较低，每件铜器中锡、铅的含量也不一致。从这几个地区的出土物看，山东地区采用的锻造与铸造技术比较落后；甘青地区的齐家文化中，锻造技术要比同时期的铸造技术略高。如武威皇娘娘台出土的 30 件铜器中，锻造的四面体铜锥、铜凿和铜刀等，制作都很精良，而铸造的同类物品则显得厚重和粗糙。出现这种情况，说明锻造工艺较易适应各种铜金属材质，故发展较快；但铸造工艺因受到当时的铜金属杂质较多、铸造技术也较复杂等条件的制约，在人们还没有完全懂得青铜优于红铜的特性等情况下，铸造技术的发展比较缓慢。上述发现说明当时的青铜业还处于低级阶段。一旦铸造技术有所突破，青铜业就发展起来了。

## （八）自然科学知识的萌芽

自然科学是研究自然界的物质形态、结构、性质和运动规律的科学。它包括数学、物理学、化学、天文学、气象学等基础科学和农业科学、生物学、医学、材料科学等应用科学，是人类改造自然的实践经验即生产斗争经验的总结。它的发展取决于生产的发展。

原始社会中，人类对自然界的斗争，因生产工具简单、粗笨，还受到原始宗教及其他意识的影响，自然科学的发展是缓慢的。不过，人类取得的每一个科技进步，都推动了生产的发展，同时又促进自然科学知识的不断积累，预示着科技的新突破。因此，尽管当时的人们尚处于蒙昧与野蛮状态，但他们在与自然界的斗争中，以辛勤的劳动与聪明和智慧，不断地推动着科学技术的发展。

我国古代居民对天文学知识的认识与探索有着悠久的历史。早在旧石器时代，我们的祖先就已注意到暑往寒来的变化、月亮的盈亏圆缺、各种动物的活动规律、植物的生长与成熟的周期等，并且逐渐摸索到它们的规律性。因此，差不多与进入新石器时代同时，农业与家畜饲养业便出现了。以后，人们为使农作物的生长不误农时，迫切需要掌握季节变化的规律，这就促使了天文与历法知识的产生。考古学提供的材料表明，可能在新石器时代早期，人们已经有意识地观测天象了，并用以确定方位、时间与季节。

方位的确定对人们的生产、生活有着重要的意义，所以人们很早就掌握了方位的辨别知识。他们从日出、日落及日落后北斗等星体出现的规律中探索出东、南、西、北的不同方位。他们在营造房舍、埋葬死者时，都注意到朝向。例如住房的朝向大多选择南向；同一个墓地，甚至同一个考古学文化的不同墓地中，绝大多数死者的头都朝着同一个方向。虽然其中有些朝向与正方向（正南、正北等）略有偏差，但基本方向都是不变的（少数不同方向的墓葬，应与死因有关）。如西安半坡墓地中墓葬的排列十分整齐，它们的方向基本一致，略有偏差者也与正西方向相差不超过 20°。在年代更早的新郑裴李岗墓地清理的 114 座墓葬，均为长方形竖穴墓，排列密集，很有规律，所有头向均朝南或稍偏西。这些事例说明，距今8000年前的人们就已基本掌握了定向的方法。

季节的确定，大概是人们根据物候现象为掌握农时而引发的。因为我国大部分地域地处温带，四季的变化比较明显：春暖花开之时，随着布谷鸟的啼鸣，人们开始播种；到了深秋，大地一片金黄，许多谷物都成熟了，人们进行收割；动物中的候鸟也呈现季节性行为特征，如燕子春来秋去与大雁有规律的回归。自然界中如此年复一年的周期变化，使人们将寒往暑来、春华秋实与候鸟的有规律活动联系起来，寻找其间的变化规律，从而推定出农牧的时节。史前时期先民大概还缺乏春夏秋冬四季的明确概念，但是对农牧业的时节，则有了越来越多的认识。人们对天象的观测与探究，推进了天文知识的积累和天文学的出现。古代先民最早注意的星，大概是北斗七星。也有人说最早观测的星是红色亮星"大火"（心宿二）。传说在颛顼时代就有"火正"官，负责观测"大火"，以它的出没来指导农业生产。据推算，公元前2400年左右，黄昏时在地平线上见到"大火"时，正是春分前后，时值春播时节。像这样以观测天象来确定四时节令的方法称为"观象授时"。

相传黄帝时代已有了历法。帝尧时派天文官到东、南、西、北方去观测天象等，都反映了古代先民对天象观测的重视。这些传说虽然还缺乏实物证明，但是，在新石器时代晚期出现原始的历法是完全有可能的。

远古时代的先民，在生活中已经注意到事物的数量与形状，但对数的概念是不清楚的。在分配与交换过程中，人们还不能确切地去判别多与少的差别。人们还不掌握1、2、3、4……这些自然数的概念。交换是按照需要与意愿进行的，这是人类发展进程中必然要经历的一个过程。

到了新石器时代中期，可能出于记事或交换的需要，开始出现了刻画符号。距今7000年前的舞阳贾湖出土的龟甲上和七孔骨笛上都有刻划符号。骨笛上所刻的符号在孔的旁边。经过测试，这支骨笛的七个音孔各发一音，组成一个完整的音阶结构。而孔旁的符号作为等分的记号，反映了设计和制作这支骨笛的过程中的计算过程。因此有人认为它反映了 7000 年前的先民对数的认识。仰韶文化和年代稍晚的马家窑文化的彩陶钵口沿上也发现了各种刻画符号，据统计，总数有 50 多种。在龙山时期及稍后的考古学文化中也多有发现。传说古代有"结绳记事""契木为文"的时期，可能这些符号就已含有一定内容的记录刻符。所以，这些符号既有可能是我国古代文字的起源，也可能是数的起源。如果和商周时期的甲骨文或金文相比较，其中不少刻符与金文、甲骨文中的数字是一致或相似的，如一、二、三、五、十等。有人提出仰韶文化的先民已具备了一、二、三……八的数的概念。

人们对形的认识也很早。当他们制作不同用途的工具时，无论是背厚刃薄的刀、斧，尖锐锋利的针、锥，还是滚圆的石球，或弯弯的木弓等，都说明人们对各种几何图形有了认识，并加以应用。仰韶文化中，陶器的器形及其纹样，清楚地反映了人们对圆形、椭圆形、方形、菱形、弧形、三角形（包括等边三角形、直角三角形）、五边形、八角形等几何图形已具有明确的概念。同时，在几何图形的对称、圆弧的等分等方面都有许多实例。大溪文化中出土的空心陶球，球面上用三组一股的篾纹划出彼此相交的六个"米"字

大溪文化出土的陶器

大溪文化主要分布于三峡地区及鄂西长江沿岸，因首先发现于四川巫山大溪镇而得名。陶器以红陶为主，另有一定数量的灰陶和黑陶，也有极少量白陶。

纹。在一个圆球表面进行刻画与分割，放置六个"米"字纹，若无一定的数学知识和计算能力是很难想象的。这些实例都说明仰韶文化与大溪文化的先民对数与几何图形的认识已达到一定水平。

正是人们对这些几何图形有了认识，因此，在当时的生产与生活实践中，大到建造房舍，小到制作工具、饰品，或者装饰图样的设计与记事符号的刻画，都能很好地体现方、圆、平、直的要求。如有些平面为方形的房屋，它的四边相等，木柱的对称和平行的排列。河姆渡遗址中发现的木构件，其梁柱与榫卯的受拉、受压都符合力学要求。彩绘花纹中所绘的直角三角形、菱形图案与人面比例的合理、匀称等，都说明当时很可能已经掌握了绘划方、圆、平、直的方法与简单的工具。这种工具可能就是最早的规矩。

随着编织物与纺织品的出现，特别是有关花纹的编织，使人们对形与数的关系有了进一步认识。因为织出的花纹与经纬线数目之间存在一定的关系。我国新石器时代中晚期的居民，对数的认识与运用可能已达到了一定的水平。

人类在与自然界的斗争中，除了要防御自然力的侵袭与野兽的伤害，以保护自己外，还要克服自身在生长发育与繁衍过程中遇到的许多病痛，这就要求人们在生活实践中摸索出一些治病与防病的办法。

前面已经讲到，火的利用使人类懂得了熟食，改善了摄食的条件，使身体得到较好的发育。同时，火能防寒、驱潮，为人体的健康提供必要的条件。或许正由于此，人们把烧热的石块用兽皮包裹后放在人体病痛的部位，发现能消除或减轻某些因受风寒而引起的疼痛（诸如腹病、关节病等），从而发明了"热熨（敷）法"。经过反复实践与改进，人们又掌握了用点燃的干草对人体病痛部位作温热刺激熏疗，这就出现了灸法。砭石是最早的医疗器具。《说文》谓"砭，以石刺病也"。这是用于

**砭石**

砭石是能治病的石头，最早出现在《黄帝内经》中。运用砭石治病的医术称为砭术，砭术是中医的六大医术之一（六大医术：砭、针、灸、药、按跷和导引）。

挑破脓疮，刺破皮肉，排除脓血或刺激人体的某些部位，以达到治疗病患的目的所采用的一种治疗方法。砭石种类较多，有刀形、镰形、针形等。这种方法实为针术的开端。因此，针灸疗法的渊源是很早的。

从发掘出的人体骨骼看，新石器时代居民中有少数人曾患有各种慢性疾病。如有因长期患风湿而使腰椎变形者；有骨折后重新愈合者；有的在战斗中被矢镞射中，射入肢骨的箭镞，长期留在体内，并与肢骨粘连与结合在一起的，等等。这些病例说明史前先民在与疾病的斗争中作了很多探索。看到这些风湿患者的病例，使我们对当时的人们为何要为居住地的防潮做出的种种努力有更深的理解。而后两种外伤，并未使受伤者致死，伤者都出现了病灶愈合的情况，说明当时曾为治疗这类外伤找到了某种手段。这是当时已有了医术的明证。

我们的祖先在长期的生活实践中逐步认识到，某些植物的果实、根、茎对人体有益，能治某种疾病，某些物品吃了对人体有害，会引起呕吐、腹泻、昏迷甚至死亡。传说神农尝百草"一日而遇七十毒"（《淮南子·脩务训》），正反映了古代先民在长期采集过程中不断探索各种植物的药用价值的情况。随着生产活动的扩大，人们还积累了不少动物药性和矿物药性的知识。

不过，原始社会中的居民，对自然界的许多现象还无法做出正确的解释，致使迷信活动盛行。进行原始宗教活动的巫师往往用鬼神作祟等来解释病因，祈祷、祭祀等活动也被用于治病。其中也有一些巫师兼用药物，因而出现了医、巫不分的情形。医学的发展，是对巫术的否定。但在社会的发展尚处于蒙昧、野蛮时期，巫术占据主导地位的情况下，医学的发展也是缓慢的。从总体上说，当时的医学水平还很低下。因此，从新石器时代墓地的死者年龄可以看到，老年人的比例不高，中青年和儿童的比例却很突出。

随着农业技术的改进，农作物种植面积的扩大，农产品的数量增多了，这就为酿酒业的出现创造了条件。

酒的发现可能是很偶然的。因为当淀粉在一定温度下受微生物的作用而发酵，引起糖化和产生酒精时，就成了天然的酒。当我们的祖先发现吃剩的食物（粮食、果实等）因搁置一段时间而发酵，并飘出阵阵酒香的时候，他们品而尝之，酒就被人们发现了。于是引发他们有意识地用粮食或果品通过发酵去获取酒浆，这样酿酒技术就出现了。

古代先民发现酒的时间可能是很早的。但有意识地用粮食发酵制酒的时间，是在新石器时代中期。传说我国最

觚

觚既是中国古代一种用于饮酒的容器，也用作礼器。觚初现于二里岗文化，到西周中期已十分罕见。盛行于商代和西周早期。

先发明酿酒的是杜康，或黄帝之女仪狄。考古发现的材料表明，至少在龙山文化时期已经出现了酒，因为出土的高足杯、斝盉、瓠等一些特制的专用酒器，反映出当时饮酒已有着区别于日常饮食的特殊地位，说明酿酒工艺在当时已被人们充分掌握。有人认为仰韶文化中出土的小陶杯、小陶壶都是酒器，因此，认为我国的酿酒业起始于仰韶文化。也有人提出酒的出现可上溯到磁山文化时期。

古代先民极为迷信，祭祀天地山川、鬼神图腾的活动相当频繁。在祭祀活动中，酒是重要物品之一。它既是供鬼神享用的祭品，又是巫师饮用的物品，所以酒的出现有其深刻的社会背景。

利用曲来酿酒是我国特有的酿酒方法。所谓"若作酒醴，尔惟曲糵"（《尚书·商书》）。这是多少年经验总结出来的结论。用谷物制酒，谷物里的淀粉质需要经过糖化和酒化两个步骤才能酿成酒。曲糵中的毛霉和酵母菌都是很敏感的微生物，它能把糖化和酒化结合起来同时进行。古代先民总结出用曲糵酿酒，这是一项很重要的发明。欧洲直到19世纪90年代才从我国的酒曲中得到一种毛霉，在酒精工业中建立起著名的淀粉发酵法。

力学知识的出现也是从生产与生活实践中积累的。石器的制造和利用本身就是力学知识的运用，只是最初是不自觉的。新石器时代的人们把石斧、石凿、石铲、石锛等工具制成背厚刃薄、表面磨制光滑、平整的形体，就符合尖劈越尖，效率越大、越省力的道理。人们从中逐渐增加了对物品的物理和机械性能的知识。如打猎用的长矛类、投掷武器的弓箭和流星索等，必须使其在空间运动时，暗合颇为复杂的动力学和空气力学的原理。仰韶文化的居民制作的一种小口尖底瓶，腹部有两个环耳，是专用的汲水器。这种陶瓶的制作者，巧妙地利用了力的平衡原理，把器形制成小口、鼓腹、尖底，平时放置难以直立。但当在两耳系

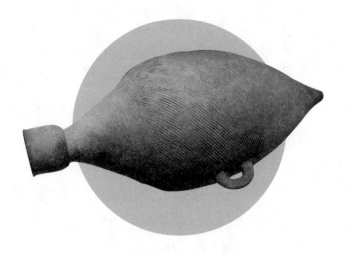

**小口尖底瓶**

用作汲水的器具，仰韶文化最为典型的器类之一。其设计独特，底尖，容易入水，入水后又会由于浮力和重心关系自动横起灌水；口小，搬运时水不容易溢出。

绳入水面汲水时，空瓶在水面上会自动倾倒，入于水中，装满水后又会恢复平衡状态。使用者利用它的重心变化，能省力地从小口汲进水，解决了用平底器汲水带来的不可避免的阻力。说明 5000 多年前的先民已经知道利用重心和定倾中心的相对位置同浮体稳定性的关系。

乐器出现的时间也相当早。新石器时代遗址中出土的乐器有土鼓、石磬、陶钟、铜铃等打击乐器；吹奏乐器则有骨笛、苇籥、陶埙等。弦乐器是受弓弦震动发声原理的启发而制作的，在新石器时代可能也已出现了，所以有"舜作五弦之琴"（《世本》）的传说。只是弦乐器不易保存，至今尚未发现。河南舞阳贾湖发现的一批七孔骨笛，七个音孔排列整齐、合理，距今已有 7000 余年，是竖吹管乐器的祖制。经过测音：骨笛的音阶结构是七声音阶齐备的、古老的下徵调音阶，可以吹奏旋律，而且发音较准，音质也较好。有的骨笛的音孔旁还有调音的小孔，以调正音差，说明这种骨笛的制作者对乐理的了解已达到很深的程度。反映了7000余年前的先民，在声乐方面已经达到相当水准。

化学知识的萌芽应上溯到火的利用。燃烧使燃料所具有的化学能以热能的形式释放出来，人类一旦掌握了火，不仅用它来蒸煮食物，同时还促使烧制陶器、冶炼金属以及酿酒、缫丝、染色等技术的出现，这说明人们已经掌握了一些物质变化的知识。例如，当时制作的陶器中，食器都用较细的黏土，而制造炊器时，都有意识地掺进一定数量的砂粒，以改变陶土的成型性能和成品的耐热急变性能，使烧成的炊器不至于在冷热剧变时破裂。龙山文化时期制作的黑陶，是利用窑中不完全燃烧而产生的炭黑渗入陶器制成的，反映了当时人们已经掌握了在适当控制窑温的情况下使炭发生还原的技术。这种原理的进一步发展，使人们掌握了通过氧化矿的还原熔炼以获得铜金属、利用陶土的上述特性制作模具以铸造青铜器的技术。这一时期人们还将石灰石烧成石灰，加水后调成灰浆作为建筑材料使用。酒的出现反映了人们已经掌握了利用酵母菌，在一定温度下促使谷物实现糖化与酒化两个过程，以获得酒精的方法。

四 /

青铜业——
三代科技进步
的重要标志

随着文字的出现，历史进入了文明时代。关于中国古代在什么时候告别野蛮时代而跨进文明门槛的问题，学术界正在展开讨论。虽然目前的看法还不尽一致，但多数学者认为夏商时期已经进入文明社会。其标志之一，是青铜业已经出现。

野蛮时代与文明时代的划分，并不是史学家主观想象的产物。人类告别野蛮时代和跨入文明门槛是社会生产发展的必然趋势，也是科技发展的结果。众所周知，人类的经验与知识是从零起步的，但到了新石器时代晚期，随着农业生产的发展，剩余产品的出现，促使手工业与农业分离，社会上出现了不少具有专业知识与技能的工匠。同时，社会的发展又需要新技术的出现，因而不断产生新的行业。

科学的发展一开始就是由生产决定的。火的使用、工具的改进、农牧业生产和手工业生产的发展奠定了科学的基础。当社会从原始社会向文明时代前进时，它需要科学技术的进一步发展。科学技术因生产的需要、经验的积累而获得发展时，又有力地推动了社会前进的步伐。

人类从原始社会跨入文明时代是一个历史性的飞跃，这一飞跃从某种意义上说是与青铜业的发展联系在一起的。因为，人类从单纯以岩石为原料制成石器去改造自然，发展到从岩石中提取金属，再制成工具，用于改造自然，这是社会生产力发展到一个新阶段的标志，也是科学技术进步的一个重要标志。同时，青铜器的发展，促使"百工"的出现并带动各个行业一起兴盛起来，使夏、商、西周时期的社会经济情况比新石器时代有了明显的改进，奴隶制度也不断趋于完备。在人类社会发展进程中，生产工具的发展一般分为三个阶段，即石器时代、青铜时代和铁器时代。我国与古代东方的一些国家一样，青铜时代是实行奴隶制的时代。所以，在这一章中专门就夏、商、西周时期——中国历史上的青铜时代——的青铜业作一介绍。

## （一）青铜业发展的三个阶段

用铜金属制作的器物，以其所含的成分不同，可以分为红铜、青铜、黄铜、白铜等几种，但白铜出现的时间很晚。

红铜又称纯铜，其含铜量在 90% 以上，呈红色。由于铜矿石与其他有色金属常常是伴生的，所以铅、锡等金属也易于混入，故一般称锡含量少于 2%、铅含量少于 3% 的铜金属为红铜。红铜的熔点为 1083℃。虽然它也可以铸成各种器物，但硬度较差。在铸造过程中，流动性也较差，还易吸收气体，冷却时收缩性也较大，可导致缺陷和疏松。因此，它多被作为礼仪性的明器或装饰品。

青铜是铜金属与锡、铅元素的合金。与红铜相比，青铜的熔点较低，硬度增高，而且具有较好的铸造性能与机械性能。例如，铜合金中若含 10% 的铅，其熔点可比红铜降低 43℃；若含 10% 的锡，则使熔点降低 73℃；含有 20% 的铅，熔点可降低 83℃；含同量的锡，则可降低熔点 193℃。就硬度来说，红铜的布氏硬度为 35，加入 5%—7% 的锡，其硬度就增高到 50—65；如果加锡 9%—10%，硬度可达到 70—100。加入铅和锡以后，还可使铸液的流动性能增加，从而使青铜器表面的装饰花纹及其细部都能获得清晰的效果。青铜器又因其主要成分有别而分为锡青铜、铅青铜和锡铅青铜三种。

以铜、锡为主的金属器皿，如偃师二里头的青铜器，含铜 91%、锡 8%、其他金属 1%。洛阳出土的西周"丰伯"戈、剑等，分别含铜 84.31% 和 85.22%，含锡 11.65% 和 11.76%，它们均不含铅。不过，多数铜器中还是含有少量铅元素，故锡含量大于 3%、铅含量少于 2% 的一般也称为锡青铜。与红铜相比，锡青铜不仅具有色泽光亮的外观，而且具有硬度大、韧性强、熔点低、流动性好、气孔疏松少等良好的铸造性能。

以铜、铅为主，不含或只含少量锡（少于 2%）的称为铅青铜。如安阳殷墟出土的铜镞，有的含铜 83.46%、铅 9.8%、铁 1.4%，不含锡。铅青铜的硬度较低。由于铅和铜在液态互不溶解，凝固后铅成了细小颗粒，所以对铜基体没有固溶强化作用。铅青铜的抗腐蚀性能较差，当它遇到含碳酸的水时，铅首先被腐蚀。

锡铅青铜是以铜、锡、铅为主的三元合金，其含锡量大于 2%、含铅量大于 3%。在铜锡合金中加入铅，可以降低熔点，并可增加铜液的流动性。这种青铜也能铸成质地坚硬、有光泽表面的器物。与锡相比，铅较易得，成本也较低。对安阳殷墟出土的铜器进行分析的结果表明，我国至少在商代晚期已经出现了这种锡铅青铜。大约在商王武丁前后，古代工匠们即已掌握了这种三元合金的工艺。这比西方要早好几个世纪。

　　黄铜是铜与锌的合金。锌的获得必须在密封的容器中进行。因为铜的还原温度大约在1000℃以上，而锌的沸点只有907℃。一旦锌从氧化物中被还原出来，就立即挥发成气体，或又被氧化成氧化锌的粉尘。前面提到山东胶县三里河龙山遗址中出土的两件锥形铜器，经鉴定为黄铜。有人认为黄铜出现的时间较晚，在年代上不予肯定。也有人认为三里河遗址所在的地区，铜锌矿或铜锌铅共生的矿物资源十分丰富，龙山文化的烧陶技术为冶炼黄铜创造了必要的技术和高温条件，并据此进行了模拟实验，证明用这类矿石进行冶炼锌是通过蒸气由表层向金属铜的中心扩散得到黄铜的。而锌的含量的增多，还降低了铜的熔点，如含锌

三里河遗址

三里河遗址，位于山东省胶州市南关办事处北三里河村神仙沟西，1992年6月山东省人民政府公布其为省级文物保护单位。

量为 15% 时，熔点为 1030℃，达到 33% 时，熔点降至 940℃。说明这种冶炼过程可以在较低温度通过气 – 固相反应进行。所以，早期出现黄铜是可能的。这为我国远古时代就已经有了黄铜的观点提供了依据。

青铜的冶铸技术有一个从初级向高级、从简单到复杂的发展过程。就生产的规模和产品的种类、数量而论，则随冶铸技术的提高而不断扩大。

从前面介绍的新石器时代晚期的铜金属制品可以看出，当时尚处于初创阶段。铜金属的原料主要是自然界赋予的自然铜，但已有部分是冶炼而得。人们用冷锻法制器，或用石质和泥质的单面范、双面范铸造形制简单的小件物品，如刀、锥、铜镜等。甘肃东乡林家马家窑文化遗址中出土的铜刀，经金相观察，估计其含锡量大约在 6%—10%，铸造方法是用两块范闭合浇注而成。一块范上刻出刀型，另一块范是平板，用它铸出的铜刀，背部的棱一边高一边低，呈斜坡状。刀的刃部曾经轻微的戗磨或煅打。该遗址出土的铜渣，经鉴定是一种冶炼的产物，是一块冶炼出来的含铜和铁的金属长期锈蚀的遗物。这说明，距今 5000 年前后我国就已有了原始冶炼术。冶炼的方法是用铜矿石加锡矿石或含多种元素的铜矿石来冶炼。陶寺遗址出土的铃形铜器和王城岗出土的容器（鬶?）残片，说明当时已有用几块范、芯装配铸器的尝试。由于至今未见一件完整的成品，尚不能对其技术水平作出评估。但这些遗物的出土，反映了当时在使用陶范、装配铸器的探索中，可能已经取得成功。

从二里头时期至二里冈时期，是青铜业趋于成熟的阶段。偃师二里头遗址已发现铸铜作坊址，出土了不少熔铜的坩埚片、陶范、铜渣、木炭与铸铜有关的工具及与铸造有关的其他遗迹。这里出土的铜器除了刀、锥、锛、凿、鱼钩、镞、戈、戚等工具和兵器外，还有圆鼎、斝、爵、盉等容器和铃，后者是一种乐器。这些铜器是我国发现年代最早的青铜器的一部分。铜容器壁较薄，表面粗糙，多无花纹，也无铭文；作兵器用的戈、戚则又显得厚重，也表现了早期青铜器的特点。除了工具、兵器用单范、双范铸造外，其他容器都是用复合范铸造。这些铜容器的形制比较规整，器壁厚薄也较均匀，说明工匠们使用复合范铸造的工艺已相当熟练。也反映了在这之前，我国使用复合范铸器已经有了相当长的一段时间。有人曾用电子探针对一件铜爵作过定量分析，测知铜、锡的合金成分为铜92%、锡7%，与郑州二里冈时期铜尊的成分一致。

二里头出土的兽面纹铜牌，是用200多粒绿松石镶嵌而成。这是目前所见年代最早的铜镶玉制品。它先铸出镂空铜牌，再镶嵌松石，具有较高工艺水平，说明当时在设计、铸造与镶嵌技术等方面都达到了相当熟练的程度。到了郑州的二里冈时期，青铜铸造技术有了新进展，浇铸的容器有方鼎、圆鼎、鬲、盘、罍、尊、卣、斝、爵、觚、斧、斨、镢、刀、钻、矛、戈、镞，以及铜钉（建筑材料）等。这时

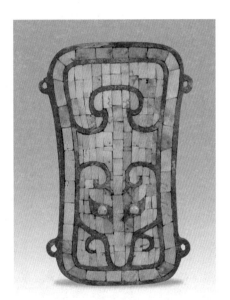

二里头出土兽面纹铜牌饰
嵌入绿松石，体现了极高的工艺水平，精美绝伦。

期的青铜器品种增多了，铜器表面增加了装饰花纹，而且还出现了大件铜器。如1974年在杜岭发现的两件大方鼎，一件高1米，另一件高0.87米，形制为平底方腹，上有双耳，下有四个圆柱形空足（上部一段是空的，下部为实心），器表用兽面纹和乳丁纹装饰。这两件王室使用的贵重礼器，是当时的工匠们铸造的代表作。它与其他器物构成组

合，说明具有中国特色的陶范熔铸技术已经形成，并有锡青铜与铅青铜之分。

郑州出土的商中期铜器，大部分可能是在当地铸造的。郑州商代城垣南、北两侧的南关外和紫荆山均发现了同时期的铸铜作坊遗址。那里都发现了居址、坩埚、铜渣、木炭、小件铜器及大量陶范碎块。这些陶范中，既有工具范和兵器范，又有铸造礼器的陶范。陶范上皆有子母榫口，便于装配扣合。郑州出土的商代铜器，大部分应是由这两处铸铜作坊址所铸。杜岭出土的方鼎形体高大，形制规整，花纹清晰，说明当时的工匠们已经掌握了较高的铸造技术，生产已有一定规模。该鼎含铜75.09%、铅17%、锡3.48%。熔铜的坩埚发现有两种：一种是用草拌泥制成，厚6厘米；另一种是用陶大口尊或夹砂陶缸作胎，外涂草拌泥。所用的大口尊高30厘米，口径25厘米，每器可容铜液12.5公斤。这些坩埚出土时内壁都残留有一层铜渣。这两个作坊都生产青铜礼器，但据报道，南关外的铸铜作坊还生产青铜镢等工具，而紫荆山北的作坊则生产青铜刀和镞，似有一定分工。

商代晚期和西周时期是我国青铜时代的鼎盛时期。这一期间铸造的青铜器，不仅器形大，数量多，而且纹饰华丽，铸工精良。很多重器，如著名的司母戊大方鼎，带耳通高137厘米，鼎身长110厘米，宽77厘米，鼎身以雷纹为地，上有龙纹盘绕，四足为兽面纹。它的造型浑厚庄重，重875公斤，是世所罕见的一件重器。若无细致的分工与优秀的铸造技术是不可能制成这样的大鼎的。同时，青铜器的种类与数量也更多了。它们的装饰纹样华丽，且多有铭文。如1976年在安阳小屯村西北发掘的妇好墓中出土青铜器468件，其中青铜礼器就有200余件，包括方鼎、圆鼎、偶方彝、三联甗、簋、尊、方罍、壶、瓿、缶、觥、斝、盉、爵、觚、盘等。不少礼器还成双成套地出土，如后母辛方鼎两件，长方扁足鼎两件，中型圆鼎两套，每套六件。此外，还出有钺、戈、锛、凿、刀、铲、铜铙、铜镜及其他用器和装饰部件。其中铸有"妇好"铭文的 109 件。殷墟出土的铜礼器，表面的纹饰繁缛细致，包括立体与平面两类。立体的铸纹有龙、夔龙、双头盘龙等；平面铸纹则以兽面纹最普遍，且一般多有地纹。同时期的四羊尊、龙虎尊等是这一时期富有代表性的艺术珍品，也是工匠们的智慧与创造才能的突出表现。

西周时期冶铸的规模与分布的地域继续扩大，出土的青铜器品种与数量也更多了。贵族墓葬中的随葬品以成套成组的形式出现的更为普遍，还出土了列鼎、编钟等。所谓列鼎、编钟，是由形制相同、大小成序的鼎、钟编列组成。身份、等级愈高，使用的数量也愈多。不少铜器上还铸有长篇铭文，记录了当时发生的重要事件。如清代道光年间在陕西岐山县出土的"盂鼎"，通高 102.1 厘米，腹径 83 厘米，重 153 公斤，内壁铸有铭文 291 字；著名的毛公鼎，腹内壁铸铭 32 行 499 字。这些刻铭每篇都是一篇很好的文章。

晚商至西周时期的铸铜作坊在安阳殷墟、洛阳北窑、陕西周原等地均有发现，面积在数万平方米至十余万平方米不等。在这些地点发现了居址、水井、道路、祭坛、熔铜炉、工作面等各种遗迹及数以千万计的陶范和木炭、铜渣、工具及半成品等。这些发现为人们了解当时的铸铜技术提供了重要依据。

## （二）青铜时代的采矿与冶炼技术

青铜采冶业是从石器加工和烧制陶器的生产实践中渐渐被认识而产生的。人们在寻找石料和加工的过程中，逐步识别了自然铜与铜矿石。例如有一种铜矿石，颜色碧绿，其断面的纹理与孔雀的羽毛相似，很是艳丽，所以人们称它为孔雀石。它在岩石堆中极易被人发现。这种孔雀石含铜量高，其含铜品位可达10%—20%或更高。这是一种氧化矿，只要同木炭放在炼炉中进行冶炼，加热到1000℃稍高一些，就可以炼出铜来。它又常常与自然铜一起出现，并与铜锈有类似的颜色，因此孔雀石很可能是人们最早用于冶炼的铜矿石。在烧制陶器的过程中积累起来的丰富经验，为青铜的冶铸业提供了必要的高温知识、耐火材料、造型材料与造型技术等条件。例如：龙

孔雀石

孔雀石产于铜的硫化物矿床氧化带，常与其他含铜矿物共生。由于颜色酷似孔雀羽毛上斑点的绿色而获得如此美丽的名字。

山文化中黑陶和白陶的烧陶温度均与铜的熔点接近；当时使用陶模具制作泥坯和印制花纹等技术与铸铜的模具功能有相似之处；冶铸用的熔炉、水色、型范等都是陶质的用具。炼铜用的木炭也与烧陶所用的燃料是一致的。

考古工作提供的资料说明，凡是发现古代采矿、冶炼遗址的附近，几乎都有同时期居民聚落遗址。因此，人们在制作石器时，为寻找原料而出没于这些山丘时，如果一旦认识了自然铜与孔雀石等铜矿石，那么采掘这些金属原料就成了他们的新工作。

最早的采矿业是从地表挖掘开始找矿的。当他们发现矿脉或矿带向深部延伸的规律时，人们创造了从地面向地下挖掘竖井，并由竖井底部向四周开拓巷道以寻找矿石和采掘矿石的方法。今天，巷道被依据形状分为平巷、斜巷等。有时人们在巷道中发现深部还有矿石，于是又从巷道中向下挖竖井，这种井并不直接通向地面，所以人们称之为盲井。人们用这种方法采掘，一般在井巷中用木质的框架作支护，以防止周围岩石坍塌。他们用榫接或搭接法制作的框架，有效地承受了巷道的顶压、侧压和底压，可以确保坑下采掘人员的生命安全和采掘工作的顺利进行。使用这种方法可以从地面下较深的地段掘取矿石。这比起露天采矿省工省时，是一个进步。从湖北大冶铜绿山、江西瑞昌铜岭等地发现的商周采矿遗迹看，当时露天采矿与坑采这两种方法均已采用。当然，从矿区河流中夹带的沙石中淘洗出铜矿也是一个途径，此时这种方法大概也已被掌握。

目前发现的商周古铜矿遗址，大多分布在火成岩与大理岩的接触带上。因为接触带内的岩石破碎，比较容易采掘。又因大气降水和淋滤作用，地表面的铜元素在接触带中相对集中，出现了铜品位自上而下逐渐富集的现象，形成氧化矿富集带。这种条件使它成为古代先民理想的采铜场所。这里的矿石，主要是孔雀石、硅孔雀石、赤铜矿等，都属氧化矿。深部往往有自然铜。大冶的铜绿山，顾名思义，是铜绿色的山丘之意。那里每当大雨过后，表面就暴露出许多绿色的孔雀石的碎块，俯拾皆是。因此，它的铜资源在很早以前就被人们开发利用，目前在11号矿体和7号矿体的2号点出现的采矿遗迹，被认为是西周时期或更早的遗存。

江西瑞昌的铜岭古矿址内，发现了商代和西周时期的采矿遗迹，出土了与采矿有关的许多遗物。铜岭古矿遗址和铜绿山古矿址一样，矿井中都有当时工匠们所做的木质的方形框架。他们每隔 1 米左右就在井巷中设置一副,嵌入坑壁。框架的外侧有的衬以壁板或席子(靠木棍将席子别住)。据发掘现场观察,井巷中的支护设施虽有变形者,但未见一处坍落或损坏,说明它们实现了预期的功能。当时,有的靠竖井垂直地向深部挖掘,也有的从竖井底部向四周开拓巷道去寻找矿石。用这种方法采矿,可从离地表一二十米深的地方掘取矿石,并从井巷中提升到地面。工匠们使用的工具还很原始,主要是石斧、石凿及木铲、木锹、木锤等,装载用具有竹筐、竹簸箕等。当时已初步解决了采矿中的通风、排水、提升等技术。人们利用井口高低所产生的气压差来调节下部的空气,确保采矿人员在坑下作业时对氧气的需求。人们用绳索和木辘轳将矿石与地下水从竖井中提升到地面,同时将支护用的方形木框等材料运至坑下,使巷道的开拓随矿脉不断延伸。为确保雨水不流到井中,井口还搭有棚盖。凡此等,反映了当时的采矿技术已达到一定水平。

当时冶炼铜矿石的方法,是将矿石与木炭放在冶炼炉中进行冶炼。由于这些矿石是氧化矿,因此这种冶炼被称作氧化矿还原熔炼。虽然目前只发现春秋时期的炼铜竖炉,商与西周时的炼炉尚未见到。但是,经过模拟实验证明,春秋时期的冶铜竖炉冶炼性能很好,能持续加料,持续排渣,间断放铜。春秋时期的冶铜技术是在商代与西周时期的冶铜技术的基础上发展来的,从出土的商代与西周铜器数量之多,用铜量之大,或许说明当时的冶铜业还是比较发达的。因此有理由认为,商代与西周的冶炼水平也是不低的。衡量冶炼水平高低很重要的一点是炼渣中的含铜量的多少。因为矿石中所含的二氧化硅($SiO_2$)的含量越高,炉渣黏度就越大,渣的流动性也差,渣中所含的铜也越多。但若加上熔剂,或进行配矿,则可使炉渣的黏度降低,排渣时的流动性也好,冷凝时呈薄片状。由于这些地点的矿体是铜铁金属伴生矿,所以炉中的铁矿石在高温下生成的氧化亚铁与二氧化硅结合，减低了炉渣内二氧化硅的含量，黏度降低，炉渣的流动性好，冷凝后成了薄片状，渣中含的铜也就减少了。春秋时期，人们已经掌握了冶炼过程中的配矿技术，使渣中的含铜率降至 0.7%，这是冶炼水平较高的一个表现。可能这种配矿技术在西周时期已经出现了。

据统计，已出土的商代和西周时期的铸有铭文的青铜器有上万件之多，没有铭文的铜器更数倍于此数。商代与西周时期，若无发达的采矿与冶炼业是不可能提供如此大量的铜金属原料的。

## （三）青铜时代的铸造技术

1928 年开始发掘殷墟时，由于遗址中曾出土过孔雀石和坩埚片等遗物，有人认为遗址区内有冶铜遗存。但经半个多世纪的发掘，诸如偃师二里头、郑州商城、安阳殷墟、陕西周原、洛阳北窑等地商周都城遗址中发现的青铜业作坊址，都是铸造作坊。因为这些地点都没有见到冶铜的炉渣和其他遗物，而采矿场附近却发现了炼铜炉、木炭及炉渣等遗物，说明冶炼铜金属的工作大多是在采矿遗址附近进行的。人们在考察中发现，冶铜所需的原料（矿石与木炭）及筑炉用的耐火材料，在古矿址及其附近都能找到。当时的工匠们在采掘矿石以后，就地取材进行冶炼，可以省去运输矿石、木炭等原料，这是省工、省时的合理安排，也反映了当时在采矿、冶炼与铸造之间已有了更细的分工。这种专业化手工，使专业技术的发展获得了良好的条件。工匠们在冶炼成铜金属以后，只将铜金属及其配料运至各个都邑。各都邑中都划出专门的地点作为铸铜的作坊，在那里专门铸造王公贵族们所需要的青铜器具。在安阳殷墟的铸铜作坊遗址中出土的一块红铜，其含铜品位高达 97.2%，这是已经炼成的铜金属，被作为铸造青铜器的原料而从冶炼场所运来的。青铜作为铜与锡或铅的合金，最初是将铜矿石和锡矿石或铅矿石与木炭合在一起在炼炉中冶炼而获得的。这是一种很原始的方法。上面提到的新石器时代晚期出现的金属制品，可能就是使用这种方法冶炼的。以后则发展为先炼出红铜，再加锡矿石或铅矿石一起冶炼，使之合成青铜。随着冶炼工艺的提高，最后发展到分别炼出铜、铅、锡，或铅锡合金，然后再按一定比例放在一起熔炼。用这种方法得到的金属，其合金成分比较稳定，熔炼时较易控制，工匠们可按不同器物的要求来掌握合金中铜与铅、锡的合理配比，进行铸造。商代与西周时期的冶炼工艺均已相当发达，工匠们已经掌握了后两种比较高级的方法。商代和西周时期的遗址中出土的铅锭，墓葬中出土的铅器和镀锡的铜盔等，也证明当时已能冶炼纯铅与纯锡了。

经过发掘的铸铜遗址中，以偃师二里头发现的铸铜作坊年代最早，发现了用草拌泥制成的坩埚残片、铜渣、陶范和小件铜器等遗物。这个遗址中出土的鼎、斝、爵、盉等容器及各种工具、兵器等大概都是这个作坊中铸造的。这是一处商代早期的手工作坊。

商代中期的铸铜作坊，在郑州的南关外和紫荆山分别被发现，它们位于郑州商城的南、北两侧。已发现了与铸铜有关的房基，表面布满了绿色铜锈的场地和各种陶范与范芯、铜渣及坩埚。这时的坩埚有的用草拌泥制成，有的则是红陶缸、灰陶大口尊。它们都是夹砂厚胎陶器，外壁抹有耐火材料，用以增加其强度和耐热保温性能。安阳殷墟苗圃北地和洛阳北窑两处铸铜遗址规模最大，前者为商代晚期的铸铜作坊，后者是西周时期的铸造作坊。位于小屯村宫殿区南边的苗圃北地，面积至少有 2 万平方米。在 1959—1960 年间的发掘中，发现了与铸铜有关的单间和双间的居住址、工棚遗迹和坩埚、熔铜炉等，同时出土了几千块铸造青铜器的陶范和范芯残片。从这些陶范和范芯可以知道当时在这个遗址中铸造了鼎、簋、罍、盘、卣、觚、爵、觯、镞、矛和铜泡等铜器和兵器。其中最大的一块鼎范长达 1.2 米，是铸造大型礼器的铸范。这里首次发现了直径 0.83—1 米的大型熔铜炉，说明这是一个规模相当大的作坊址，具有铸造大型青铜器的能力。洛阳北瑶发现的铸铜作坊面积更大，有 10 余万平方米。这里也发现了数以千计的陶范与范芯碎块和坩埚、大小熔铜炉及与铸铜有关的其他遗迹、遗物。这些发现说明，当时的通都大邑都设有铸造铜器的作坊址，其产品主要供城内的居民使用。这些作坊应是王室派人直接管辖的行业。这些遗址的出土物还使我们了解到当时的铸造工艺。

我国青铜时代制作的青铜器，几乎都是用陶范铸造的。这种铸造技术在商代晚期已臻成熟。当时铸造一件铜器，要经过以下工艺过程：（1）制模，需要装饰花纹的还需雕刻出花纹；（2）翻制泥范；（3）用原模刮制成泥芯；（4）泥芯与泥范阴干后进行高温烘烤，并予修整；（5）将陶范与范芯组装起来，并予固定；（6）浇注铜液；（7）拆去范、芯，进行清理；（8）加工、修整、加磨毛刺后得到成品。这一工艺过程，已形成作业流程，且环环相扣。每一个铸件能否铸造成功，都与上述工艺过程中的每一个环节是否达到预期要求是密不可分的[①]。

当时用于制作模、范和范芯的材料主要是黏土和砂。对安阳殷墟出土的陶范进行的岩相分析显示，主要成分是石英。其中又有正长岩、斜长岩、角闪石、辉石和云母等。由于各地所用的造型材料都是就地取材，所以各个地点的铸铜作坊出土的范、芯中黏土和砂的配比并不一致。对殷墟出土的陶范与范芯的粒度、化学成分和工艺性能进行的分析测定显示，鼎、斝、尊类礼器和锛类工具的造型材料，黏土与砂的配比

---

① 华觉明等：《妇好墓青铜器群铸造技术的研究》，见《考古学集刊》第一集，中国社会科学出版社 1981 年版。

也不尽一致。一般地说，模与范的含泥量要多些，使之具有良好的可塑性，雕刻纹样的效果也较好。范芯的含泥量要少些，砂粒有时稍粗，以利于通气。有时还羼有多量的植物质。由于铸造铜器时，造型原材料的需要量很大，一般都是取自天然资源，如地下的黄土、河床的冲积土、淤土等。这些天然黄土中的砂粒也有呈棱角状的。种种迹象表明，新石器时代的先民，在几千年间制陶过程中积累的对陶土的选择与加工的经验，已在青铜时代被制模的工匠们充分继承并予以发扬。

制模是铸造工艺的第一道关键工序。工匠们只有将模子做得规整，花纹雕镂清晰，所翻的外范才能得到预期的几何形状和清晰的纹样。许多器物都是用陶土塑制成模的。它的形制、大小与铸后的成品一致，所以塑模的工作也是铸件的设计工作。

花纹的制作有几种：先在模上绘出纹样而后雕出，鼓凸于器表的纹样则用泥料堆塑成形再雕镂花纹。至于地纹、弦纹、乳丁等，则可能在范面上加工制成。商代与西周时期的许多铜器上都铸有铭文，这些铭文是在泥模上阴刻成文，再用泥片复印成阳文，修整后嵌到芯的特定位置上，模子制作完成后，按照惯例，要经审定获准后才能翻制泥范。

从泥模上翻制外范，其目的在于要制造一个器物的形腔，以便浇注铜液后，冷凝成人们需要的铜器，简单的片状器物不用范芯，如戈、镞、刀等，它们的范块为长条状和平板状的单面范或双面范，一范只铸一器。但铜刀有一范铸两件的，而箭镞类一范可铸5—7件。凡礼器及带銎的兵器、工具则都要范芯。特别是圆形、椭圆形、方形、长方形、不规则形器物，需3块以上陶范组合成型。如1件铜锛或铜凿，需2块合范，1块范芯。如果铸造1件方鼎，它的铸型则由芯、底范、4块腹范和顶范组成，有的还要足范。如郑州杜岭出土的大方鼎，从铸缝可以看到，需范芯5块（鼎身和四足的范芯各1块），外范17块（四隅4块、四壁 4 块，底范 1 块，每足外范各 2 块）。但早期的圆鼎、觚等，常不设底范，可将腹范延长，使之直接抱住泥芯。器形复杂、装饰附件多的铜器，则所需的范块也越多。如斝、爵的鋬、柱帽及四羊尊的羊头等，都需分别翻出外范。其中腹范的数量也有多有少，如妇好墓中斝的腹范就有 6 块，所需陶范和范芯共 22 块。

范的厚度则与铸件的大小、器壁的厚度有关。铸件越大，器壁越厚，则范的厚度也越大。如：安阳小屯出土的小圆鼎范（所铸之鼎，高 8.5 厘米，腹径 7.5 厘米），厚度为 2.6 厘米；洛阳出土的较大的鼎范（鼎高 23 厘米），厚度为 3—5 厘米；安阳苗圃铸铜遗址中出土的一块大陶范，长 1.2 米，厚度为 11 厘米。因此，有人推算，像妇好墓中出土的后母辛方鼎的范厚约为 12 厘米。该鼎长 94 厘米，高 84 厘米。若范厚按 12 厘米计算，则该鼎陶范的重量可达 150 公斤。

为了使铸件在装配时能正确定位，在陶范的分型面上一般都设有榫卯。

小型铸件多为三角形，大型的铸件多为长方形。有时范的各面分别用三角形、长方形、圆形榫卯，以便安装时容易识别，避免差错。迄今发现的铜礼器上从未见到过将花纹铸错的现象，正说明当时这一道工序是很认真的。

泥范脱模以后，先置于背阴处使其自然干燥，让水分缓慢而均匀地蒸发。这样做的目的是为了防止泥范、芯变形，确保范块之间的严密性。等到阴干以后，还要用火烘烤，一般在烘范窑中进行，窑中温度可达 650℃以上。经过长时间保温，将范烘透、定型，即可使用。

浇注前，工匠们要把烘透的陶范与范芯装配好，并在型外糊上厚厚的一层草拌泥，以使范块结合牢固，避免铜液浇入时从缝隙中外流。从出土的商周青铜器看，大多数铜器的形状规整，说明铸范装配相当严密。但也有少数铜器的铸缝有 0.3—0.5 厘米，这是因铸范配合不够严密而引起的飞边。对这些铸工们称之为飞边和毛刺的东西，在脱范以后，工匠们还要进行锤击、錾凿和磨砺等清理工作。

著名的司母戊大方鼎，是我国青铜时代的工匠们铸造的第一重器。铸造这样一件重达 875 公斤的大鼎，而且铸得那么完好，即使在现代技术条件下也不是轻而易举的事。因此，从一定意义上说，它集中显示了商代晚期的铸造技术与生产能力。自它出土以来，国内外许多学者对它的铸造工艺进行了研究与讨论，但一直未获得令人满意的结果。如不

司母戊大方鼎
是迄今世界上出土最大、最重的青铜礼器，享有"镇国之宝"的美誉，现藏于中国国家博物馆。

少人认为它是用遗址中出土的"将军盔"形状的陶器熔铜浇铸的。这种陶器口径 25 厘米、壁厚 3 厘米、高 35 厘米。出土时它的内壁往往有铜渣等物，被确定是熔铜的工具。但是用这种"将军盔"去熔铜浇铸，只能容纳数公斤铜液，是无法满足铸造这样大型铸件的要求的。它无法保证铜液的温度不变，这是一个突出的问题。因此，它的铸造工艺成了一个谜，吸引人们去思索。后来，安阳殷墟的铸铜作坊中发现了直径约 80 厘米的大型熔铜炉，炉底与炉壁相交处还有直径约 5 厘米的孔洞，并有铜液外流的痕迹，是个出铜口。在炉子的周围，有许多炼炉壁的残块和木炭。硬土面上，还遗留有几道有一定流向的凹槽，表面粘有铜

渣，应是铜液流动时遗留的痕迹。这一发现，为人们解开后母戊鼎的铸造之谜提供了一把钥匙。据推算，铸造一件司母戊大鼎，有三座这样的大熔铜炉即可满足对铜液的要求。因此，有人认为当时很可能是将这件大方鼎的铸件固定在熔炉附近，熔化的铜液是用槽注的方式流入大鼎的浇口进行浇铸的。浇铸时，大方鼎的模具是倒置的，即鼎的四足朝上，其中二足作浇口，另二足是出气孔。这种熔铜炉在洛阳北窑的西周铸铜遗址中也发现了多座。它们有大有小，可知当时有几种规格不同的熔铜炉用于铸造铜器。

商中期以后，工匠们已经熟练地掌握与应用分铸法，因而能够铸造出各种形制、工艺比较复杂的器形。所谓分铸法，是将器物的一些部位先予铸造，然后再嵌到陶范中与器身铸接在一起；也有的是先铸器身，尔后再在器身上安铸附件。工匠们将这种分铸法应用在形体较大和比较复杂的铸件上。如四羊尊的装饰，集平面雕、立体雕、圆雕之大成，工艺要求极高。因此，分铸法的应用开创了一条与古代欧洲不同的、具有我国特色的范铸技术。这是一项杰出的创造。

人们在长期从事冶铸生产的实践中，还渐渐能够按照不同用途的器物的不同性能，人为控制铜金属与铅、锡的合理配比，以制作性能不同，适于不同用途的礼器、乐器、工具与兵器等。安阳出土的司母戊大方鼎，经定量分析，含铜84.77%、锡11.64%、铅2.79%，已合于后世所谓"钟鼎之齐（剂）、六分其金而锡居其一"的记载。

古代工匠在青铜时代制作的青铜制品，其数量之多、品种之广，都是世上少见的。它们的成品有工具类的刀、锛、斧、凿、铲、镬等，兵器类的戈、矛、戟、镞、钺、剑、砍刀、甲胄等，礼器类的鼎、鬲、甗、簋、簠、尊、盘、壶、罍、盉、觚、爵、觯、角、方彝、觥、瓿、鸟兽形的尊等，乐器类的钟、铙、铃等。其中钟又有甬钟、钮钟、镈钟等，西周、东周时期多成编出土。此外，还有车马器和各种生活用具及装饰品等。郑州小双桥出土的青铜构件，说明早在商代中期已将青铜铸件用于大型木构建筑之上了，它既是木质构件的装饰，又能起到加固的作用。所有这些，都表明了当时制作的青铜器具，已涉及社会生活的各个方面。

青铜业的发展对夏、商、西周时期各个行业的发展都起到了推动作用，它对三代社会发展的影响也是深刻的。特别是工匠们按不同用途而制作的不同形状、不同规格的青铜工具，使人们在对各种原料进行加工时，获得远比石器更为锋利、精巧、有效、便捷的工具，因而促使了各行各业的技术得到改进与提高。例如青铜农具或用铜工具加工的其他农具的出现，对农田开垦、耕作技术的改进和水利灌溉工程的兴建起到了直接或间接的推动作用。青铜兵器的出现，不仅使人们更有效地攻击敌人，保护自己，也使畜群的卫护得到改进。青铜刀的广泛应用，使牲畜去势术的普及成为可能。这些对农业和畜牧业的发展都起到了积极的

青铜铲

西周青铜铲是西周时期的一件文物，现收藏于南京博物院。

作用。青铜工具的制作还直接促进了其他手工技术的改进，例如它使榫卯的结合更加紧密，结构更加合理，因而使高大的宫殿建筑在这时能够出现。它使车、船的制作技术得以改进，制作的车、船的结构与各部位的结合更合理、紧密，如商代车辆已出现轮辐、栏杆等需要比较复杂的技术才能制作的部件。青铜工具的出现，使漆木器的制作更为精致、美观，使雕琢技术也得以改进，出现了一些工艺水平很高的艺术品。它使纺织机械的性能进一步改善，使织造高级的纺织品成为可能。它也使青铜业的发展得到助益，如古矿井中木质支护框架的制作、铸造过程中模具的制作更趋精细，使它们在组装时扣合得更加紧密，因而能够制成像四羊尊、龙虎尊那样具有很高的工艺水准的铜器。

四羊方尊

四羊方尊是商朝晚期青铜礼器，祭祀用品。现藏于中国国家博物馆。其造型独特、工艺精美。

各种青铜兵器的出现使攻防系统发生了巨大的变革。当时制作的兵器中有防护用的甲、胄与盾（盾多为藤、木制品，但有青铜附件）。短兵器有刀、剑、匕首等。长兵器有戈、矛、戟、钺等。此外还有远射的弓箭。这些兵器由于都用模铸，它们设计合理、厚薄均匀、形制规范，其锋利的程度远非石器所能比。因此，它们的刺、砍、勾、射等功能都大大提高了。以箭镞为例，无论制成柳叶形、三棱形或两侧带翼的形状，由于箭镞的锋与铤在同一基线上，它的两翼和三棱的设计合理，使箭镞射出以后，在空气中所受的阻力保持均衡，因而在飞行中能够按抛物线飞向目标。它与石制箭镞相比，大大提高了命中率。这些要求在手工制作石镞、骨镞时虽然也能达到，但那是一个个磨制出来的，效率很低。青铜铸造技术的发展，一个标准件通过模具就能铸出许多合适的铜箭镞，这就数倍或数十倍地提高了工效。这些兵器的出现，从根本上改变了战争的性质与规模。人们为了克敌制胜，在兵器制作中，为使其更合乎实战的需要而进行的一系列改变，都包含了许多科学的道理。这在客观上促使了科学技术的发展。

青铜工具的制作，还使制作一些原始的测量器械、计量器具和原始的机械成为可能。例如这一时期发明的木制辘轳，使人们第一次从笨重的提拉劳动中解脱出来。实验证明，用辘轳提升重物比直接用手提拉要省力得多，如果在辘轳轴上加辐条式的木棍和车辆式的一圈木条，只要它比原来的辘轳轴的直径增大一倍，操作时就可以省去一半时间。这种既省力又能提高功效的器械，是石器时代不可能出现的。当然它的制作还包含很多力学原理。

青铜工具的出现，对书写工具如毛笔的制作、甲骨文、铜器铭文的锲刻和文字的规范化等都起到了积极的作用。

总之，三代青铜业的发展，无论对三代社会的发展，还是对三代科技的发展，都产生了巨大而深远的影响。

五

夏王朝时期的
科学技术

夏 王朝是我国历史上第一个王朝。相传从禹开始至履癸（桀）灭
亡，共传十四世十七王，有 400 余年历史。据推算，夏王朝约
当公元前 21 世纪至前 16 世纪。过去疑古派学者对夏王朝和商王朝的
存在，均持否定态度。但自《史记·殷本纪》所记的商代世系被甲骨文
证实以后，多数史学家认为《史记·夏本纪》所记的夏代世系也是可信
的。从 20 世纪 50 年代末开始，我国考古学界在传说夏人活动的地域内
展开了探索夏代文化的工作，以便从确认夏代的物质文化遗存着手，恢
复夏代的历史。这项工作已取得初步成果。

　　史书记载夏人活动的地域有两个：一是山西南部的汾水下游地区；
一是河南西部的洛阳平原及颍水上游的登封、禹县一带。经过 30 余年
的调查、发掘与研究，人们对哪些遗存是夏代遗存提出了看法，但分

歧很大，难求统一。因此，我们在撰写这一部分内容时，只能撇开讨论中有关文化属性的争论，按这套丛书的统一体例，就传说夏人活动的地域内的考古发现并结合文献中与科技有关的内容，进行介绍。需要说明的是，这些内容并不完全反映我们对夏文化问题的看法，不能理解为我们过去在讨论中提出的看法有了变化。夏王朝的建立是我国历史上一件大事。在这以前，社会上没有君臣之分，没有偷盗与欺诈，也没有军队与法律。氏族成员之间平等相处，一切纠纷按氏族与部落的约定协调解决。那时"货恶其弃于地也，不必藏于己（生产品为公共所有）。力恶其不出于身也，不必为己（各尽所能）"。夏王朝建立以后，按《礼记·礼运篇》所说："天下为家，各亲其亲、各子其子，货力为己（财产私有），大人世及以为礼（子孙继位被认为是当然的事），城郭沟池以为固，礼义以为纪……"，人们以拥有财产的多少划分等级，用制度来确认尊卑的秩序，实际上是以强凌弱，智者诈愚。社会分裂为阶级，出现了军队、法律、监狱等国家机器。这一切是社会生产发展的必然结果，也是人类告别野蛮时代、进入文明时期的一种产物。与此相伴随的是，科学与技术获得了相应的发展。

## （一）筑城与治水

在漫长的原始社会中，人们不分阶级，没有剥削，这是个财产公有的大同社会。人群之间也不会为利害关系而发生激烈的冲突，因而也不需要构筑高耸的城墙来保护各自的财产。但当阶级出现，人们为贪欲所驱使，把掠夺他人的财产当成自己富裕的手段时，激烈的争斗出现了，人们为了保护自己的财产不被掠走，构筑城池的大工程就出现了。这就是"城池沟洫以为固"的真实内容。所以城的出现是特定历史时期的产物。

相传鲧或禹开始筑城。考古工作者在今河南境内已发现多处古城。如淮阳平粮台、登封王城岗、郾城郝家台、辉县孟庄等地的龙山文化遗址内，都发现了用黄土夯筑的城址。这几座古城的平面均为方形或长方形，以登封王城岗古城的面积最小，长宽均不足百米，保存也最差，仅存城墙的墙基。辉县孟庄发现的古城规模最大，长宽各有 400 米。城墙底部宽 8.5 米，城外有壕沟。淮阳平粮台古城的长宽各 185 米，保存较好，有的地方残存地面高度尚有 3 米多，在南城墙和北城墙的中段各开一个城门。郾城郝家台古城的面积与平粮台古城相近，城内还发现了排房等建筑。这些古城的年代都属龙山文化的中晚期，因而被认为在夏纪年之内。目前学术界对这些城址的族属存在分歧意见：有的认为是夏代古城；有的认为是夏时期商的先公先王所筑的古城或其他方国的古城。这些看法是否正确，这里不予讨论。重要的是这些古城被发现，反映了夏王朝时期已经具备了建造城池的能力。

这些古城的规模比起商周时期的都城要小得多，但是它们的夯筑技术却是一致的。如筑城前先在地面挖出基槽，并从基槽开始起夯，构筑城基。地面以上部分的城墙的夯筑，是沿城垣的方向设立模板，模板的外侧用土支撑，内侧即为城垣的主体部分。施工时模板内外同时夯筑，模板内的夯土为水平夯层，外侧两边的夯层呈斜坡状。每筑一板，即提高模板再填土增筑，模板不另取出时则废弃在夯土之中，再立新的模板。所用的填土，都是选择极少杂质的纯净黄土。夯具是一种小的夯杵。筑城时逐层填土，随即夯筑，每层厚度多在 5—10 厘米之间。城垣筑成后，两侧的坡度较缓如土岭状，届时再削减外坡，使之成为陡壁。商周古城的夯筑方法与此基本相同，反映了夏王朝时出现的筑城技术被后世所沿用。这些古城的夯土，质地相当坚硬，虽历时三四千年之久，仍有高出地面两三米者，足见夏王朝时的筑城技术已趋于成熟。

由于战事的频繁和弓箭射程的改进，使得原始壕堑的防御功能不相适应，于是人们运用夯筑技术构筑起高于地面的障碍。这是城垣出现的直接原因。但夏王朝时期出现的古城，并不是仅在地面上堆土，筑起一道道土岭用作防御之用。因为城外都有城壕，说明这些古城的设计与施工，在如何有效地提高其防御功能方面已积累了相当丰富的经验。壕的形成与筑城时取土有关。就地取土，在工程上就地实现土方平衡，是一种经济而方便的做法。人们选择在城外一侧取土，则在筑城的同时，自然形成与城墙平行的一道壕堑。这一构思是科学而合理的。它对进攻者来说，由于墙顶至壕底的高差比城垣的高度要大，想要逾越城墙，其难度将增加许多。这样就使城垣进一步加强了防御性能。这种城外有壕的构思为后世的城垣建筑所沿用。只是随军事知识的积累，人们把城壕的排水作用改为蓄水，形成壕池或护城河，从而进一步强化了城的防御功能。

城垣的出现是古代社会从氏族制向奴隶制国家转变的标志之一。早期国家的规模一般都不大，所以有"夏有万国"的记载。城市出现以后，它就成了一国的政治、经济的中心。城市作为广大乡野的对立物，还具有政治压迫和经济剥削的职能。统治者居于城市之中，营造了高大的宫殿，过着舒适享乐的生活，并从那里发号施令，去统治民众。目前，上述古城均未作大规模发掘，有关宫殿类建筑的情况尚不清楚。但在偃师二里头遗址中，除了发现早商时期的大型宫殿基址外，还发现了夏王朝时期的大型夯土建筑基址。它们规模宏大，最宽数十米，应属宫殿类建筑。虽然发掘工作正在进行，它的形制及上部木构建筑的情形还有待进一步搞清，但它的年代属夏王朝时期是可以肯定的。这种夯土台基的夯筑技术与城垣的夯筑技术基本上是一致的。

大禹治水是中国古代传说中很著名的故事。据说禹用了 10 年功夫治理水患，三过家门而不入。他用疏导的方法治好了水患，赢得了民众的拥戴。同时，他还带领民众开垦土地、整理沟洫、兴修水利，促使夏代的农业生产有了很大发展。目前，因发掘面积有限，夏王朝时期整理沟洫、兴修水利的遗迹在考古工作中尚未被发现。但从当时能动用大量民众去建造城垣，说明当时兴建一定规模的水利设施是完全有可能的。因为建造城垣既要挖土成壕，又要夯筑成墙；其难度比单纯挖掘沟洫要大得多。从大禹治水与整理沟洫的传说中可以看出，人们从水患中也逐渐知道了利用水利，已有了原始的灌溉技术。这使人们在农业生产中掌握了更大的主动。加上生产经验的不断积累，将奴隶用于农业生产，土地利用率也相对地提高，因此尽管在考古发掘中看到的农业工具仍然以石器、木器为主，但夏王朝时期的农产品的社会总量却不断增长。这就为从事建筑与冶金等行业的工匠们提供了充足的食粮。

## （二）禹铸九鼎的传说与青铜铸造业的出现

夏王朝时期社会生产力发展的标志之一，是铜金属的冶铸行业的出现。《墨子·耕柱》中曾有"昔夏后开使蜚廉采金于山川，而陶铸之于昆吾"的记载，此外还有禹作铜兵和禹铸九鼎等传说。虽然禹是否铸过九鼎，因考古工作中未见到实物其可信程度难以辨别，但这些传说所反映的夏王朝时期出现铜金属的采冶与铸造业，则已被考古工作所证实。

前面我们介绍了甘青地区、山东地区新石器时代晚期发现的铜金属制品及其冶铸工艺的情况。这里就中原地区夏王朝时期发现的铜金属制品及其冶铸业再作些探讨。

中原地区有色金属的储量不大，但矿点较多。经勘探了解，仅河南境内发现的铜矿就有 29 处，锡矿和金矿各 8 处，铅锌矿 27 处，铁矿52 处。这些矿点中有的还发现有古代采矿的遗迹，但未见有早到夏时期的。不过中原地区已经发现的夏时期金属制品，说明这一地区铜矿资源的开发和利用的时间是很早的。

目前，在河南龙山文化遗址中陆续出土了一些铜金属制品和熔炼铜金属的坩埚等遗物。例如1975年河南临汝的煤山遗址中出土了坩埚残片，长5.3厘米，宽41厘米，壁厚1.4厘米。这块坩埚出土时，它的内壁粘附有六层熔炼时遗留下的痕迹，说明它曾被多次使用。据分析，它的铜含量达95%，当属红铜。此外，在淮阳平粮台龙山遗址和郑州牛砦的龙山文化遗址中都发现了铜金属或铜渣。偃师二里头遗址的夏代晚期地层中也出土了与铸铜有关的坩埚、陶范、铜渣及铜制品等遗物。由于这些遗物中均未见到矿石、木炭等原料，说明当时采矿、冶炼与铸造是异地进行的。采冶与铸造都是技术性、专业性很强的行业。它们异地进行加工意味着它们之间已经有了分工。

龙山文化遗址中出土的铜金属制品，有山西襄汾陶寺遗址出土的铜铃形器。这是一件红铜制品。河南登封王城岗遗址出土的一块铜器残片，长5.7厘米，宽6.5厘米，壁厚0.2厘米。这是一件铜容器的残片，被认为是铜鬶类器的腹足连接部的残片。据鉴定，这是一件锡铅青铜铸件，其中锡的含量大于7%。这块铜器残片体积不大，但它的出土说明当时已能铸造青铜容器。容器的铸造比起工具和兵器的铸造工艺要复杂得多，需要复合范与范芯等多块铸件组装后浇铸。所以这一发现反映了龙山文化中晚期的铸造技术已经从最初铸造简单的工具和兵器向前迈进了一大步。

襄汾陶寺出土的铜铃形器的年代比王城岗铜容器残片要早。这件铜铃形器的铸造需用两块外范和一块范芯，但这件铃形器的铸造技术上有不少缺点。如器壁厚薄不匀，有的地方还有空洞，说明当时的铸造技术尚处于低级阶段。王城岗出土的青铜容器的铸造，其技术难度比前者要大得多，反映了后者比前者的铸造技术又有改进。与同时期的甘青地区或山东地区相比，中原地区龙山文化中出土的铜制品数量较少，但它的铸造技术要比它们进步。处于夏代晚期的偃师二里头遗址中发现的铸铜遗存及青铜制品，反映了当时的铸铜业已初步形成规模。龙山文化中晚期的铸铜技术在这里得到了继承和发展。这一时期的兽面形铜牌，在铸件上镶嵌着由上百颗绿松石块组成的兽面形图案，具有较高的观赏价值。它集铸造与镶嵌工艺于一器，反映了当时的铸造工艺和镶嵌技术都达到了较高的水平。

青铜器的制作，要经过采掘铜矿石、冶炼铜金属、铸造青铜器这样一个复杂的过程。其中每一个环节都需要组织众多人员进行分工与协作。这种具有大生产性质的行业，它的发展要求有相应的生产关系，在当时只有奴隶制才能适应和完成这一使命。所以夏王朝时期出现的奴隶制度，为青铜业的发展创造了必要的条件。偃师二里头遗址中发现的铸铜作坊遗址，应是王室直接控制生产铜器的场所。在统一领导下进行的规模性生产比起几个人作业生产，无疑具有更大的优越性。这应是夏代后期青铜业比其他地区发展更快的重要原因。

偃师二里头遗址
二里头遗址位于洛阳盆地东部的偃师市境内，全国重点文物保护单位，中华文明探源工程首批重点六大都邑之一。

## （三）夏王朝时期的其他科技成就

夏王朝时期的农业较前有了比较迅速的发展，人们从农业生产的实践中，对一年内的季节变化也有了更深刻的认识。因为粮豆菜蔬的播种与收获都与日照的长短和寒暑的季节变化有着密切的关系。什么时候播种最合时宜，什么时候收获农作物最合适，哪些先种、哪些后种最为合理，人们在这方面积累的经验与知识也更丰富了。人们把春华秋实的变化与寒暑往来的季节变化联系了起来。以后人们又把昼夜的更替、季节的变化与日影的长短变化联系起来。他们发现立木在阳光照射下，它的影子的长短变化是有规律的。以后又发现不同季节内影子的变化也是有规律的。一旦这种变化的规律被人们所认识，日、月、年和季节的概念就逐渐出现了。这种方法叫立杆测影法。

昼夜的变化与更替使人们产生了"日"的概念；"月"的概念来自月亮的出没与圆缺的变化；"年"的概念则是从暑往寒来的规律性变化中总结出来的。所谓历法，就是计量年、月、日的方法。用天象变化来计量时间并为农牧业生产服务，这是历法产生的历史。夏代可能已用立杆测影法来计量时间，因而夏王朝时已有了明确的日、月、年的概念。它把 1 年分为 12 个月，以冬至后两个月的孟春之月作为 1 年的开始。同时还出现了六十甲子（干支）记日法，即将甲、乙、丙、丁、戊、己、庚、辛、壬、癸和子、丑、寅、卯、辰、巳、午、未、申、酉、戌、亥组成的天干、地支用于计算年、月、日。它们组成甲子、乙丑、丙寅、丁卯、戊辰等 60 个组，用它记日，60 天为一循环。这 60 天计为两个月。夏代后期的几个王——胤甲（厪）、孔甲、履癸（桀）都用甲、癸等天干为名。

夏代先民在生产实践中还积累了许多天文知识。《左传·昭公十七年》记载："故夏书曰：'辰不集于房，瞽奏鼓，啬夫驰，庶人走'。"记录了当时发生于房宿位置上的一次日食时的情景。由于人们不了解日食的原因，所以日食时人们击鼓奔走。这是见于记载的世界上最早的日食记录。另外，《竹书纪年》中记有"夏帝十五年，夜中星陨如雨"的内容。这是世界上关于流星雨的最早的记录。

我国现存最早的、具有丰富的物候知识的农书是《夏小正》。它虽然不是夏代人所写，但书中包含许多夏王朝时期积累的天象和物候方面的科学知识。例如，书中记载："五月，时有养日；十月，时有养夜。"所谓时有养日和时有养夜，已包含有夏至、冬至的含意。书中还将物候与气象、天象、农事活动等方面按月记载下来。以正月为例：这时的天气"时有俊风，寒日涤冻涂"（和风徐徐吹来，寒意消退，冻土消融）；"鞠则见，初昏参中，斗柄悬在下"（天空中可看到鞠星，黄昏时参星在南，北斗七星的斗柄朝下）；"启蛰，雁北乡，雉震呴；鱼陟负冰；囿有见韭；田鼠出；獭祭鱼；鹰则为鸠，柳稊，梅杏杝桃则华；缇缟；鸡桴粥"（冬眠的动物苏醒，大雁北归，野鸡鸣叫求偶，水温上升，鱼在薄冰下浮游，园囿中韭菜长出嫩叶，田鼠出来活动，水獭捕捉鱼类；鹰去鸠来，柳树长出花序，梅杏山桃开花，莎草结实，鸡开始产卵）；这时"农纬厥来，农率均田，采芸"（修理农具，整理田界，为土田的耕作分配劳力，采摘祭祀用的芸菜）。书中对物候的观察十分仔细，并与气候、天象及农事活动联系起来，反映了夏王朝时期人们在这些方面积累了相当丰富的科学知识。这些知识对促进农业生产的发展是很有意义的。

传说有任姓的奚仲，精工巧思，善于造车，做了夏朝的车正，被封于薛。车的制作需要比较复杂的手工技术。夏代的木车至今尚未发现，有关它的制作技术无从谈起。但商代的车辆已发现不少，它们结构合理，车轮有 18 根辐条，制作技术也相当进步。因此，在商代木车出现之前，车的制作已经有一个较长的过程。夏王朝时出现木制车辆是完全可能的。

　　制作漆器的技术在夏王朝时期又有改进，工艺更细致了，种类也增多了。既有食器，也有祭器，大概与铜金属器具的使用有关，漆器的胎骨也逐渐变薄。随着人们对漆的耐热、耐磨、抗腐蚀的性能和成膜的特性有更深的认识，漆器表面的涂层增厚，光泽也更好。今天见到的漆器虽然木骨已朽，但因漆层较厚，故仍能看到它的原形。《韩非子·十过》记载："禹作祭器，墨染其外，朱红其内。"二里头等地出土的漆制品中，能看出器形的有钵、觚、鼓等多种，此外，夏代先民可能已出于防腐的考虑，还将漆涂于棺椁之上。漆作为一种涂料，既有实用价值，又富有装饰性，它被人们喜爱是很自然的。漆制品制作范围不断扩大，反映了漆器生产的发展。当时的漆器制作可能已趋专业化了。

六

商代的

科技成就

夏代末年，夏桀无道，成汤起兵攻灭了夏，建立了中国历史上第二
个王朝。商代（约自公元前 16 世纪至前 11 世纪）在中国古代
史上占有很重要的地位。商代的农牧业相当发达，手工业进一步分工，
出现了许多独立的生产部门。如铜矿采、冶业，青铜铸造业，建筑业，
制陶业，玉、石、骨、牙器制作，纺织、皮革、竹、木器、漆器及舟、
车的制造等行业。所以卜辞中出现了"百工"的记录。这些行业大多由
王室直接掌管，作坊已具一定规模。也有一些民间经营的，如制陶、制
骨等业。生产的品种增多了，分工也越来越细。这种情况为手工工匠们
不断提高生产技术创造了有利的条件。特别是青铜业的发展，创造了灿
烂的青铜文化，带动了其他行业的发展，促使科学技术在许多方面也获
得了突破性的进展。

有关商代青铜冶铸业的情况已在前面作了阐述。这里就商代在其他科技领域中的成就分别作扼要的介绍。

## （一）农业技术与畜牧业的发展

商王朝时期我国的青铜业发展很快。特别是商代后期，青铜业发展进入繁盛阶段，青铜工具的出现，直接或间接地促进了农业技术的发展。

青铜器的制作首先是从制作工具开始的。虽然制作的工具中多为刀、锛、斧、凿一类的木工工具，青铜农具的制作相对较少，但因这些木工工具的出现，使木质的耒耜类农具的加工制作得以改良，数量增多，这对农业生产技术的改进是有推动作用的。到了商代中晚期，工匠们已能铸造青铜的铲、钁、锛、锄等多种农具。只是由于铜金属的来源远不如石器的来源充裕，制作也比较复杂，青铜农具在农业生产中还不可能广泛使用。同时，铜金属比较贵重，报废的农具可以投入熔炉熔化

**马家浜文化石锛**
石锛是木工用的一种平木器、削平木料的平斧头。一般是双刃，一刃是横向的用于削平木材，另一刃是纵向的用于劈开木材。随着木工机械的发展，锛已经很少见了，但在农村地区还能见到。

后重新铸造，所以留传至今的农具数量也相对较少。这些农具主要由主管农业的官员们所掌握，平民与奴隶不可能拥有这样一些铜农具，而只能使用笨重的石质铲、斧等农具。因此商代遗址中出土的农具仍以石、骨、蚌制的铲、斧、刀、镰等为主。但因当时大量使用奴隶劳动，生产规模不断扩大，同时，农业生产技术的提高，灌溉的兴起，管理职能的加强，使农业的产量比新石器时代有了较大提高。农业作为商代经济中主要的生产部门，向社会提供了大量的粮食，供应大批非农业人口的生活所需。这些脱离了农业生产的人数量很大，包括商王为首的贵族、官吏、宗教人员、军队及专业手工业者等。

商代的甲骨文中有不少与农业有关的卜辞。所刻的田字作田转"甽""畕""囿"形，呈棋盘格状，因此不少研究者认为当时已经实行了井田制。每个小方块代表一定的亩积，也是奴隶们的耕作单位。当时的农田已有规整的沟洫，构成了原始的灌溉系统。甲骨文中的"耤"字像人手持耒柄而用足踏耒端之形，说明耒耜在农业生产中仍然发挥重要作用。卜辞中常见的"犁"字像牛牵引犁头启土之形，因此有人认为商代已经有了牛耕。农业生产中大量使用奴隶劳动，并有专人监督管理，进行超经济剥削。安阳殷墟的宫殿附近曾出土 3000 多件收割用的石镰，或许即是供奴隶们使用的工具。当时商王对农业生产也十分关心，经常卜问与农业有关的事项。安阳出土的甲骨卜辞中就有四五千条之多，包括举行农业方面的宗教活动等。特别是以卜问雨量是否充足、年成丰歉的数量为最多，诸如"受年""我受黍年""我受秬年""年有足雨""禾有及雨"等，这里的年、禾指的是谷子，"黍年""秬年"之年是泛称谷类。禾、谷子、小米三个名称实为一物。卜辞中"禾"字像完整的一棵禾，杆、茎之上有穗。从禾穗上打出来的颗粒是粟，所以《说文》说"粟，嘉谷实也"，颗粒去了皮而现出实，即是米，故《说文》说"米，粟实也"。

从商代卜辞可知当时主要的农产品仍是粟。除粟外，当时还有黍、稷、麦、稻等作物，同时还种植桑、麻等。有人根据卜辞的内容进行研究，认为商代已在农田里施用农肥，并已有贮存人粪、畜粪以及造厩肥的方法。加之能清除杂草，使农作物的产量得以提高。收获的粮食被贮藏起来，所以卜辞中出现了廪字。考古发掘中也见到一些贮粮的窖穴。这种窖穴的底与壁多用草拌泥涂抹，底部还残留绿灰色的谷物的遗骸。有理由认为，以农业为主的自然经济在商王朝时期已经形成。

农业的发展，农产品数量的增多，还反映在商代的酿酒业又有发展。商人的饮酒之风盛行。在发掘的商人墓中，凡有随葬品的几乎都有觚、爵等酒器，正说明酒在商代的贵族、平民的生活中占了十分重要的位置。酒的品种也较多，其中以黑黍与香草制成的酒称为鬯，最为上层贵族所喜爱。到了商代末年，这种饮酒之风发展到不可收拾的地步，以致周人灭商后，发布了严厉的禁酒令。

有商一代，五次迁都，每次迁都都要大兴土木，建造规模很大的宫殿以及墙垣等。目前在偃师、郑州、安阳等地发现的大型宫殿和占地面积数平方公里的城池等，都是动用大量人力，经过很长时间的营建才完成的。当然，这一批批劳动力所消耗的粮食是农业生产提供的。虽然当时每年能生产多少粮食，今天已无法确知，但商王朝时期，商王室为大兴土木和常年维持一支用于征战的武装而支付的大批粮食，都是由农业生产提供的。这也说明当时的农业已有较大的发展，因而有足够的贮备来供应和支付这样庞大的开支。

商代农业的发展，使一部分人从体力劳动中彻底分离出来，专门从事脑力劳动。这对科学技术的发展是具有决定意义的。这部分人专心致力于他们从事的工作，在各自的行业中不断地进行琢磨与钻研，使经验与技能得以继承、总结与发扬。观测天文的人们从天体的运行中找出某些规律性的东西，进而导致历法的出现与不断完善。主管农业的官吏们从气候变化与农作物的生长规律中找到某些一致，提出了节令的划分。从事文字记录的史官们为详细记录发生的事件，在文字的运用与创造方面潜心探索，使商代的文字总数达到 3500 个，已形成严密的文字系统。后人所谓"六书"，从文字结构中所看出的六条构成文字的原则，即所谓指事、象形、会意、形声、假借、转注，在甲骨文中都可以找出不少例证。文法也与后代的相同。《周书·多士》说"惟殷先人有册有典"，正说明商人已将文字用于记录。武丁以后，商代的文字已发展到成熟阶段，这对科学技术的发展是极有意义的。

畜牧业作为商代社会经济的一个部门，较前也有了很大的发展。早在商汤立国以前（即商的先公先王时期），商人就有了比较发达的畜牧业。所以，传说中有相土作乘马、王亥作服牛的说法。商人立国之后，大批奴隶被投入畜牧业，在农业发展的同时，畜牧业也越来越兴旺了。在已经驯养的六畜（马、牛、羊、猪、狗、鸡）中，马、牛、羊的数量有了惊人的增长。

马是商王室及其贵族、官吏在战争与狩猎时使用的重要工具，因而受到特别重视。它有专职的小臣管理，驱使成批的奴隶饲养。从商代甲骨文中可以看到，武丁以后至帝辛（纣王）时期，商代的战争是非常频繁的，规模也是很大的，最大的一次可动用 1 万余名士卒。马是作战与运输的工具，每次动用的数量也是很大的。此外，王室大贵族死后，还常常用马陪葬。如安阳殷墟、益都苏埠屯、西安老牛坡等地商代墓葬中都发现了用车马陪葬的遗迹。有时还将马作为祭祀的物品，安阳的王陵祭祀场中就有不少马的尸骨，所以当时饲养马的数量是很可观的。

当时还用奴隶饲养成群的牛羊，主要供食用和祭祀。商王和大贵族每次祭祀，用牲的数目都相当惊人，少则几头，多则几十、几百，甚至达到上千头。此外，还大量饲养猪、狗、鸡等动物。它们既是当时人们获取肉食的主要来源，也是祭祀用的供品。狗还用于狩猎与守卫，所以商人的大小墓葬中，在死者入棺下葬前，要在墓底中部（相当于死者的腰部）挖一个坑，考古工作者称之为"腰坑"。一般坑内都放一只狗，颈部还挂一个铜铃。有些墓中，在填土和二层台上也用狗殉葬，一座墓中往往有几条殉狗。此外，在营造宫殿时，从奠基、置础，到安门、落成，都要用人或畜作牺牲进行祭祀，其中用狗最多。

商人是很迷信的，凡事都要进行占卜。占卜者根据卜兆判断凶吉，许多内容还要记录下来，这就是今天看到的甲骨文，又叫甲骨卜辞。这一活动中所用的原料除了有龟甲外，大量的是动物的肩胛骨。考古工作提供的大量实物表明，占卜用的动物肩胛骨多取自马、牛、羊、猪和鹿等动物。刻辞的则绝大多数是马和牛的肩胛骨。这一实例也从一个侧面说明当时的畜牧业之繁盛。

商人除了饲养上述六畜之外，还饲养其他动物，如鹿、象等，商代遗址中已发现象的遗骸。据记载，"商人服象，为虐于东夷"（《吕氏春秋·古乐》），说明在征伐东夷的战争中，商人一度还使用象队。

商代畜牧业的发展，为商代的制骨工业提供了大量的原料。目前在商代的几个都城中都发现了制骨作坊。郑州紫荆山发现的一处制骨作坊中，除了有牛、鹿等动物肢骨外，还有人骨，在出土的骨料中约占总数的一半。这种现象在安阳殷墟等地的制骨作坊中不再见到，大概与商代晚期畜牧业的发展有一定关系。

## （二）商代的建筑技术

青铜铸造的斧、锛、刀、凿的广泛应用，为商代工匠们提供了远比石器更实用、更锋利的工具。这为商代大兴土木工程创造了条件。现已

青铜凿

商周的青铜凿绝大部分是有銎凿,以方形、长方形、梯形銎口、单面刃为其通行形制。

发现的商代都城遗址中,都发现了大型宫殿的遗迹。这些大型木构建筑的营建,反映了商代建筑技术得到很大发展。

偃师二里头发现的1号宫殿基址,是一个东西长108米,南北宽100米的大型夯土台基。除东北角内凹一块外,平面近似正方形。发掘时台基表面已经损坏,但成排成行的柱穴大多得以保存。因而可以参照文献材料推测上部的木构建筑。

在这座夯土台基中部偏北的地方,还有一块略高的长方形台面。它东西长36米,南北宽25米,是殿堂的基座。基座上排列有一圈柱穴:南北两边各九个,东西两边各四个。柱穴的排列整齐规则,间距均为3.8米。柱穴直径0.4米,底部均垫有一块卵石,作为柱础。在这圈柱穴的外侧60—70厘米外,每穴各附衬两个较小的柱穴,直径约为18—20厘米,研究人员推测,这是支撑殿堂出檐部分的挑檐柱的柱穴。出土物中未见用瓦的迹象,只有少量木柱的灰烬与草拌泥块。根据这些情况,结合文献资料,推断这是一座面阔八间,进深三间,木骨为架、草泥为皮、四坡出檐的大型木构建筑。作为主体建筑的殿堂,中间没有发现柱穴,前后檐之间的跨度达11米,说明当时的建筑技术已达到相当高的水平。推测在各柱之间已用拉梁拉住,整体构成框架。在殿堂正南约70米处,即在夯土台基南部边沿的中段是一个大门。大门的东西两侧,沿着夯土台的周边还发现一圈廊庑。这圈廊庑也采用木骨泥墙的做法。它的设置将宫殿与外界隔绝，并突出了中间的殿堂这一主体建筑，使这座由堂、庑、庭、门等单体建筑合成一组的宫殿建筑，主次分明、布局严谨、颇为壮观。这是目前所知我国发现的保存最好的早期宫殿基址之一。它的发现为了解当时的建筑技术提供了重要的资料。

用夯筑技术提高土壤的密实程度，并使其强度增大，这在新石器时代后期已经发明。在龙山文化与良渚文化遗址中均已见到台形建筑。但它的规模都很小。二里头遗址发现的大型宫殿基址占地 1 万平方米，并将一组建筑都置于这个台基之上，这是一大进步。这座台基的现在台面比当时的路土高出 0.8 米，是后世高台建筑的雏形。它与周围低矮的民居相比，更显得雄伟高大，也反映了居住者高踞于百姓之上的思想意识。同时，人类从穴居开始就不断地同危害健康的潮湿进行斗争。在仰韶文化及其他文化中都可看到人们因潮湿而患风湿引起脊椎变形的实例，反映了这种疾病曾肆虐一时。为此，人们想了各种办法。采用夯筑技术建成台形建筑，所谓"峣高，可以辟润湿"（《墨子·辞过》），对居住者的身体是有好处的。二里头宫殿中出现的封闭性广场——庭，是举行朝拜等仪式的场地。庑则是防御性的外围，这是由社会出现阶级以后的政治形势所决定的。它与以后的宫墙相比，是一种初级形态，但它正是宫殿建筑的一个突出特征，反映了统治者与被统治者处于对立状态的政治现实。

这组建筑中的主体殿堂，从立柱的外侧各有两根小柱的现象，可以推断与《考工记》所载的殷人"四阿重屋"是一致的。所谓"四阿重屋"，是四坡顶、两重檐，即在四坡屋盖的檐下，再设一周保护夯土台基的防雨坡檐。这种重叠巍峨的造型，能产生一种崇高庄重的效果。这与统治者借宫殿以显示其高贵至尊的意识是一致的。

商代中叶的郑州商城、偃师商城和黄陂盘龙城、山西夏县、垣曲等地都发现了具有一定规模的城址。它们的平面形状均作长方形，用黄土夯筑而成。夯窝圆形，小而密集，夯窝直径在 2—4 厘米之间。夯层较薄，一般厚度为 8—10 厘米。与二里头宫殿一样，夯土的质地相当坚硬。城墙的夯筑是先挖 2 米多宽、深半米左右的基槽，基槽的走向与城墙的走向一致，然后回填黄土，层层夯筑。墙体采用分段夯筑法逐段延伸而筑成，截面呈梯形，上窄下宽，一般宽度在 10 米左右。筑城的方法与夏人筑城的方法一样，沿城垣纵向立模，模板外侧用土支撑，内外同时夯筑，城外均有壕沟，说明城的作用就是为了防御外来者的侵扰。郑州商城的城墙，周长为 6960 米，有 11 个缺口。这些缺口中有的可能与城门有关。偃师商城的面积略小于郑州商城。已发现城门 7 个。黄陂盘龙城规模较小，南北长 290 米，东西宽 260 米，四周各有一门，是个方国的都邑。从甲骨文中字的形象来看，商代城墙的城门上部都有门楼一类建筑。郑州商城与黄陂盘龙城的东北部，都发现了宫殿建筑群。其中黄陂盘龙城发现的三座宫殿基址，与南城门都在一条中轴线上。这些宫殿基址，都是用夯土筑成的高出地面的台基。以盘龙城 1 号宫殿基址为例，它东西长 39.8 米，南北宽 12.3 米。台基中央有东西并列的四室，四壁为木骨泥墙。中间两间稍宽，南北各有一门，两侧的两间略小，只在南面开门。台基的周围有一圈檐柱。根据这些遗迹，可以复原成一座四周有回廊、中央为四室的四阿重屋的高台寝殿建筑。郑州小双桥遗址出土的两件铜质构件是目前所知年代最早的金属构件。它的出土表明当时的宫殿建筑上已使用了金属构件。它既有加固木构节点的作用，又是装饰品，所以它的表面都有精致的兽面纹样。

　　偃师商城出现了大城中又建小城的做法。目前发掘的 1 号宫殿区，由多座宫殿建筑组成，它的外围又筑有夯土城墙，应属宫城。这比二里头 1 号宫殿所见用庑来分隔宫殿内外的做法进了一步。在这座宫城中还发现了石砌两壁、上用粗木铺顶的大型排水通道。已经探出的有 700 余米，直通城外。在郑州商城的中部还发现了长约 100 米、宽 20 米的长方形大型蓄水池。这种给水、排水设施在城中出现，对改善城市的供水与卫生状况都是有益的。

安阳殷墟的小屯村附近是晚商都城的宫殿区，已发现 50 多座建筑基址，可分为三组。基址平面有矩形、条形、近正方形、凸形、凹形等。大者如乙八基址，长约 85 米，宽 14.5 米。中等的长约 46.7 米，宽约 10.7 米。它们的布局有东西成排、排列颇为对称的特点。立柱的下部，除用卵石为础外，还出现了铜础。安阳殷墟至今尚未发现城垣，但是宫殿区的东、北两边是洹水，西、南两侧则有宽 7—21 米、深 5—10 米的大沟，推测是人工挖成的用于防御的设施。夯土台基的附近，多次出土陶质的排水管。这种陶水管在偃师二里头、黄陂盘龙城均有发现。但安阳殷墟出土的陶水管出现了三通，表明当时铺设地下排水管时已形成分支。如安阳殷墟的白家坟于 1972 年发现三段陶水管，其中有两段作 T 字形排列。南北向的一段管道残存 9.7 米，有 17 个陶水管；东西向的管道残长 4.62 米，有 11 个陶水管。两者交接处有一个三通水管连接。水管之间是平口对接，水管的排列高低有序，发现时水管中还淤有细泥。这种陶水管主要是配合夯土基址而设的地下排水设施，它在商代出现，是我国古代先民在卫生工程中的一个创举。随着高台建筑的形成和筑城技术的提高，这种排水设施后世有进一步发展。

商代的大型木构建筑上可能出现了多种装饰品，除了上面提到的兽面纹铜构件外，还有木雕、石雕饰品。这些东西在宫殿废弃时已被毁坏，但从商代王陵区大墓中出土的汉白玉制成的门砧石和椁板上的施彩木雕看，这些物品应是其生前的宫殿装饰移植至地下世界的反映。石雕的猛兽、猛禽形象和木雕上用红、白、黑色彩突出的虎、兽面等图像，则是统治者显示威严、权势的意识的体现。

## （三）商代的制陶与纺织业

商代的广大居民仍以陶器作为他们主要的生活用具，因此制陶业
在商代仍然获得了发展。人们
的生活内容比以前更丰富，陶
器的品种自然也就更多。如酒
器的制作更趋普及，斝、尊、
爵、觚、盉等出土的数量也很
多，一般平民墓中均有出土。
随着粮食收获量的增加，储器
也多起来，当然还有炊器、食
器等生活必需品。它们的形制
相当规范，不少器物上出现装
饰纹带，成了它们的一个特
点。装饰花纹有兽面纹、云雷纹、夔纹等。

盉

盉是汉族古代盛酒器，是古人调和酒、水的器具，用
水来调和酒味的浓淡。

当时制陶的方法仍有手制、模制、轮制等几种。商人的陶器中多用
带足器，如鬲、斝、甗、盉等。这些陶器的三足都是空的。从遗址中出
土的内模可知，这些空足都是用模制作，尔后将三个空足结合一体，上
接腹、颈而成。作食器用的盆、盘之类，多用轮制，而瓮、缸等大型陶
器，多用泥条盘筑的方法。至于一些小件物品及明器（或冥器）之类，
仍用双手捏制。或许人们已经认识到将实用之物放入墓中随葬并不经
济，所以使用明器之风大盛。许多陶器（如觚、爵等）都捏成形体很小
的器形。

商代的制陶业已有专门的作坊，内部有固定的分工。商代的陶窑发

现很多，多属竖窑。郑州商城的西城墙外 1300 米处的铭功路西侧发掘的制陶遗址中，在 1400 米的面积内清理出陶窑 14 座，另有小型房基、工作台面、窖穴、水井、壕沟等遗迹。出土物中有制陶用的陶拍、陶杵、陶印模和烧坏变形的陶器、尚未烧制的陶盆泥坯等。印模上刻有兽面纹、夔纹、斜方格纹等。这里发现的陶窑平面为圆形，直径 1.2 米，窑膛下部中间筑有长方形支柱。柱上架箅，箅有圆孔，孔径 12 厘米。在不大的范围内密布 14 个陶窑，反映了这个作坊中陶器的生产已形成一定规模。

商代白陶
器物的表面及胎质均呈白色，工艺精美。

商代陶工除生产一般常见的灰陶、红陶和黑陶外，还有专供奴隶主贵族使用的白陶和原始瓷。白陶用高岭土作胎，烧成温度 1000℃以上，陶质坚硬。与以前的白陶器不同，商代的白陶器皿制作规整，刻有精致的装饰纹样，工艺更精，是当时制陶技术的代表作，具有相当高的水平。

商代青铜铸造业的发达，对制陶技术的发展起到了推动作用。因为铸铜的型腔即是用黏土和砂制成的，它要求有较大的强度和较高的透气性、耐热性。为了达到这一要求，人们就得在制范的原料和烧成温度上进行改进。当这两个方面出现突破和飞跃时，因瓷土的发现与利用，高温窑的创造成功，再加上釉的出现与还原焰的运用，原始青瓷就应运而生了。

原始青瓷器使用瓷土作胎，其胎质较一般陶器细腻、坚硬，经 1200℃左右的高温烧制，使胎质烧结，器表有釉，无吸水性或吸水性很弱。胎色以灰白居多，也有近似纯白略呈淡黄色的，少数为灰绿色或浅褐色。这些特征与瓷器所应具备的条件相近。但它们所用的制胎原料还不够细洁，烧成温度偏低，还有一定的吸水性，胎色的白度不高，没有透光性，器表的釉层较薄；胎与釉结合较差，容易剥落，说明当时对成品烧结温度的认识和对窑温控制的技术还不成熟。这表现出它的原始性与过渡性，是我国成熟的瓷器出现以前的产品。但是，它的发明在中国陶瓷发展史上占有重要的地位。

目前已知年代最早的原始瓷属商代中期，郑州商代遗址与湖北黄陂盘龙城遗址的商中期墓葬中均出有原始瓷器。郑州铭功路的一座墓葬中出土的一件尊，器形为敞口、折肩、深腹、凹底，肩部饰席纹，腹部饰条纹。胎色为黄灰色，器表及器里的上部印有黄绿色釉。黄陂盘龙城商中期墓葬中除发现上述凹底尊之外，还有圈足尊和瓮等。从郑州商城

郑州商代遗址

1961 年，郑州商代遗址被国务院公布为第一批全国重点文物保护单位。

出土的原始瓷尊残片上看到，纹饰有方格纹、雷纹、条纹、S 形纹等。此外，还有烧坏的残器。商代晚期的原始青瓷发现更多，在河南安阳殷墟、河北藁城台西、山东济南大辛庄、益都苏埠屯、江西清江吴城等地的遗址与墓葬中均有出土。如安阳出有双耳罐、益都苏埠屯出有矮圈足豆等。其中尤以清江吴城发现最多，有小口折肩罐、尊、双耳罐、盆、豆、器盖。它们的胎质有的灰白色，有的黄白色，釉色则有青黄色、灰黄色、黑色等。清江出土的一件敞口、长颈、折肩罐，年代约当商中期偏晚，该罐的肩部一周还刻有 12 个字。此外，清江出土的工具中也有用原始瓷制造的，如双孔马鞍形刀，胎色灰白，施黄褐色釉；原始瓷纺轮的胎色灰白，施酱褐色釉。这种用原始瓷制作的工具还是第一次发现。

商代的纺织品，主要是麻纺与丝绸两大类。其中丝绸的织造技术是最具代表性的。

前面曾经提到，早在新石器时代的良渚文化中研究人员已经发现了绢片、丝带和丝线等实物。经鉴定，原料是桑蚕，绢片是平纹组织。

蚕丝作为织物的原料，它的优点是纤维长、韧性大（即拉张强度高），而且弹性好。但桑蚕丝的质量，包括韧性、弹性和纤维细度，主要取决于养蚕技术的改进，诸如饲料的精选和加工、看护工作的细致等。我国古代先民在长期的生产实践中逐步掌握了桑蚕的生活规律，不断改进养殖条件，使蚕丝生产的数量与质量都有所提高。至迟在商代，即已发明了缫丝技术。缫丝技术是我们祖先的一个创造性发明，在上古时期，我国是唯一掌握这种技术的国家。

商代的甲骨文中已有象形的"蚕"字、"丝"字和以"纟"为偏旁的好几个形声字，另外还有"桑"字。特别是在考古发现中，可以看到青铜器的花纹中有"蚕"纹，做成屈曲蠕动之形。此外，在安阳殷墟的发掘中还发现了玉雕的蚕，形态逼肖，正是当时饲养的桑蚕的形象。特别是找到了一些当时包裹铜器附着的铜锈而保存下来的丝织品残片，是今天了解商代丝绸工艺及其水平的宝贵实物。在河北藁城台西村的商代墓葬中出土的一件觚上残留的丝织物痕迹，经辨认，有五种类别的织物，可能是纨、绡、纱、罗、绉。瑞典斯德哥尔摩的远东古物馆收藏的一件青铜钺，上面附着的丝织物痕迹，是在平纹地上起菱形花纹的提花织物。这是采用高级纺织技术织成的菱形花纹的暗花绸，有人称为绮或文绮。北京故宫博物院收藏的商代铜戈和玉戈上，也有附着丝织物品的。有一件标本是在平纹地上起斜纹花，所织的回纹图案，每个回纹由25根经线和28根纬线组成，比远东古物馆的那件还精美。回纹外围线条较粗，自然地成为一组几何纹的骨架。图案对称、协调，层次分明，做工精巧，具有相当高的工艺水平。此外，还有绚丽的刺绣。

经过研究，可知商代的丝绸织造技术已相当进步。当时主要有三种织法。第一种是普通的平纹组织。这种织物的经线与纬线大致相等，每平方厘米各30—50根。第二种是畦纹的平纹组织，经线比纬线约多一倍，每平方厘米，细者经72根，纬35根，粗者经40根，纬17根，由经线显出畦纹。第三种是文绮。它的地纹是平纹组织，花纹则是三上一下的斜纹组织，由经线显花。花纹虽是简单的复方格纹，但已需要十几个不同的梭口和十几片综，这便需要有简单的提花装置的织机。这三种织物的丝线都是未加绞拈的或拈度极轻的，这表明当时已经知道缫丝。利用蚕丝的长纤维和丝胶本身的附着力，不加绞拈便可制成丝线，以供织造丝绸之用。这种不加绞拈的丝线特别适合于刺绣之用，因为绣花后浮出的丝纤维稍为散开，使花纹更为丰满，花纹的轮廓更为柔和。商代的刺绣实物也有发现，花纹作菱形纹和折角波浪纹，仅花纹线条的边缘使用增加绞拈的丝线①。

蚕丝因光泽新鲜，手感柔软，又容易染色，所以至今仍是织造高级织物的好原料。上述发现说明，商代的织工们以他们的创造才能，多方设法改进织法和织机，发明了提花装置，使这种高级织物更为华丽美观，并且已经知道利用丝线的坚韧而有弹性的长纤维这一优点，使织物的经线较纬线为密。这在织物面上，纬线很少显露，平纹组织用经线显示畦纹。由于蚕丝有丝胶使之附着，一般不用纺拈，所以织成后的斜纹或提花的浮线都易于散开的织物，花纹柔和而又丰满。

提花技术是中国古代织工在织造技术上一个很重要的贡献。它丰富和发展了中国古代纺织技术的内容，并对世界纺织技术的发展有很大影响。西方的提花技术是在汉代以后从中国传过去的。

当时的纺织品还染有颜色，如妇好墓的樟木上粘有红黑相间的色彩，应是原先覆盖的幔帐一类东西腐朽后遗留下来的。虽然原来印染的花纹已不得而知，但它说明当时确有印染行业，并且为了满足王室贵族对服装的色彩和花纹图案的要求，工匠们在织物染色上下了功夫，使印染技术得以提高。当时已掌握了用多种矿物颜料给服装着色，可能还利用了植物染料染色的技术，染出有黑、红、黄、紫、绿等多种色彩。利用矿物原料着色的方法称为"石染"。染红色的有赤铁矿（赭石）和朱砂；染黄色的有石黄；染绿色的有空青（石绿），石青可作蓝色染料。染的方法有浸染和画绩两种。浸染是将原料用杵、臼及其他工具捣杵和研磨成粉末，将粉末再用水调和，把纱、丝或织物侵入其中，颜色即为纤维所吸附。画绩是将调和的颜料画、涂在织物上，或一种颜色，或几种颜色组成图案。这类实物在考古发掘中均有出土，如妇好墓中出土的

---

① 夏鼐：《我国古代蚕、桑丝、绸的历史》，《考古》1972 年第 2 期。

臼、杵、色盘，都留有朱砂痕迹。同墓出土的大、中型礼器上附着的用朱砂涂染的平纹丝织物（绢）就有九例，这为朱染工艺应用史的研究，提供了实物资料。

麻纺织品也有发现。妇好墓中发现的麻织物，结构比较清楚的有10例。它们都是平纹组织，粗者每平方厘米中有经线12根，纬线10根。较细的麻布，每平方厘米中有经线22根，纬线12根。这些用于包裹器物的麻织物，可能是普通麻布，不是商代最具代表性的麻织品。

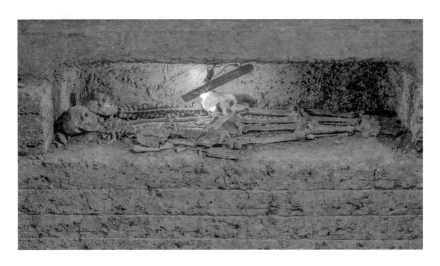

妇好墓墓坑遗址
妇好墓于1976年被考古工作者发掘，是殷墟唯一保存完整的商代王室墓葬。

## （四）商代的天文与历法

历法是根据天象以一定的单位对年、月、日的计量方法。

商王朝时期，商王任命了专司天文的官员。他们把过去掌握的分散零星的天文、历法知识进行整理，从事比较系统的天气观测和计算，使早期天文学及其历法得到了较大的发展。

世界的历法，大致有三种基本形式：一为太阴历，如回历，一年为 12 个太阴月，每月 29 日或 30 日，故一年之长为 354—355 日；二为太阳历，如埃及历，一年之长为 365—366 日；三为阴阳历，如犹太历，一年为 12 个月或 13 个月，一年之长，平年为 353—355 日，闰年为 383—385 日。商代的历法也是阴阳历。

夏代先民使用的干支记日法被商人所继承。安阳殷墟出土的一块牛肩胛骨上就完整地刻有 60 个干支：甲子、乙丑、丙寅、丁卯、戊辰、己巳、庚午、辛未、壬申、癸酉、甲戌、乙亥、丙子、丁丑……直至癸亥。用它来记日，60 天为一个循环。商代铜器铭文和卜辞中普遍用这种方法记录日期。60 天计为两个月。但也有 59 天的，说明当时已有大、小月之分。农历年以月为单位，月亮凡 29 日或 30 日一满，为一太阴月。积 12 个太阴月约为 36 旬，较一个太阳年的长度要短，故若干时间后要加闰月以补足之。商代一般以 12 个月为一年，但卜辞中也多次出现"十三月"的刻辞，说明这时已用连大月和大小月来调整朔望，用置闰来调整朔望月与回归年的长度。这是阴阳合历的最大特点。商代的置闰法，一般都置于年终，即称十三月。但在商代晚期商王祖甲以后已出现了年中置闰的办法。到了商朝末年，在卜辞、兽骨刻辞和铜器铭文上有了较整齐的计时法，出现了近乎"年"的时间单位，名曰"祀"。另有一种"祀季"，介于祀与月之间。人们记事时使用"干支记日—在某月—隹王某祀—祀季"的形式，卜辞中则多用"干支记日—才某月—隹王某祀"的格式。

商人还把一天分为几段，日指白天，夕指夜晚，中午称中日，即日中。此外，日出地面称旦，日落称昏或各（落）日；天明以后称朝，正午之后，日已偏斜称昃；在昃与昏之间还有郭兮。商人朝夕两餐称为大食、小食，大食之前卜辞中又称明、日明等。所有这些都说明商人对每天所划分的阶段用于记录史实，能相当准确地反映其时间属性。

天时观念的发展与农业的发展是紧密相连的。因为农业需要寻求天时周期的规律以便及时播种和收获。商王朝时期，人们将天象的变化与相应的物候糅合在一起，并在观测天象、确定季节的探索中取得了重要的成果。《尚书·尧典》中有关于"四仲中星"的记载："日中星鸟，以殷仲春；日永星火，以正仲夏；宵中星虚，以殷仲秋；日短星昴，以正仲冬。"这是用四组恒星黄昏时在正南方天空的出现来定季节的方法。当黄昏时见到鸟星（心宿一）升到中天，就是仲春，这时昼夜长度相等；当大火（心宿二）升到正南方天空，就是仲夏，这时白昼时间最长；当虚宿一出现于中天时，就是仲秋，此时昼夜长度又相等；而当昴星团出现在中天时，就是仲冬，白昼时间最短。这里的仲春、仲夏、仲秋、仲冬，即今天所说的春分、夏至、秋分、冬至四个节令。据研究，最晚在商末周初时，我国就已经取得了这一观象授时的重要成果。卜辞中有"今春""今秋"之语，虽不一定为后世的四季，但因农事而分的"季期"当可无疑。

商人对气象和自然界的各种现象都十分关心，因为它与农业生产及人民生活关系密切，当时有专人观察，记录相当仔细，甚至有连续10天的气象记录，可视为世上最早的气象记录之一。如卜辞中对风、雨、阴、晴、霾、雪、虹、霞等天气变化都有记载，其中风有大风、小风、大骤风、大狂风等，这可以说是对风力分级的开始。对东、南、西、北四方的风还有不同的名称。雨也有大雨、小雨、多雨等名称。此外，还记有霾（《尔雅·释天》曰"风而雨土为霾"）、云、霁（雨止）等。商人十分迷信，遇事必卜。所以，今天看到的卜辞中有不少卜问天气阴不阴（"易日"？"不易日"？），是大晴天还是稍晴（"大启"？"启少"？），是否雨停止了（"雨其隹霁"？）等。这些都反映了当时人们对天象与气象的认识，说明他们对大自然的认识已比较深刻了。

商代卜辞中还有不少日食、月食的记载。如商王武丁时期卜辞中记有“日有食”（林1、10、5），至于月食，仅武丁时期就记有好几次：

六日［甲］午夕，月有食。（乙3317，卜人宾）。

七日己未豈，庚申月有食。（库1595，全594，卜人争）。

月有食，闻（即昏），八月。（甲1289）。

旬壬申夕，月有食。（簠天2）。

三日□酉夕，［月有］食，闻（昏）。（燕632，卜人古）。

上述五次月食中有两次说“月有食，闻”，古文“闻”“昏”一字，指月全食而天昏地黑。

天体中有些星的亮度原来很弱，很暗。但在某个时候它的亮度突然会增强几千倍甚至几百万倍。这种星叫新星。亮度增强到一亿倍至几亿倍的叫超新星。这种新星或超新星的亮度，以后又会慢慢减弱。卜辞中有一条天象内容说“七日己巳夕豈，有新大星并火”（《殷墟书契后编》下9·1）。这也是商王武丁时期的卜辞，说的是七日这一天晚上，天空中有一颗新星接近大火（心宿二）。这是迄今所知世界上最早的新星记录。

## （五）商代的数学与医药学

随着历史的进步，人们在生产、生活以及交换过程中，如在城垣建筑、地亩测量、编制历法等工作中，都需要数学知识和计算技能。因此数学随着社会的前进而获得了发展。

商代的甲骨文和陶文中都有不少记数文字。甲骨文中的一、二、三、四等数字多是横划记写；陶文中则多为竖写。商代先民与后世的人们一样，已经能用一、二、三、四、五、六、七、八、九、十、百、千、万这13个单字记录10万以内的任何自然数了。十、百、千、万的倍数在甲骨文中用合文书写。这种记数法既简洁又明了。

目前在甲骨文中出现的最大数字是3万。复位数已记到四位，如2656。当时，人们在记数时，常常在十位数和个位数之间加上一个"又"字，如"五十又六"。他们正是用这种方法记下了许多令今日的研究者们感兴趣的内容。商代先民使用的从一至十的数码，按实用需要进行排列和逢十进一的计数方法，对今天的使用者来说已习以为常，人们并不深究其价值和在数学发展史上的意义。但若将其与古罗马、古埃及的计数方法相比较，这一方法比他们的要更先进、更科学。印度到了6世纪才开始使用十进制。所以商代使用的数学系统，是我国古代先民对人类科学的发展做出的一大贡献。

先进的记数方法，为人们在生产和生活中进行计数和运算提供了方便。

历法的出现虽与农业、畜牧业生产的需要有密切关系，但对年、月、日的计算则是离不开数学的。商代历法中对年、月、日的计算和用置闰来调整朔望月与回归年的长度，正说明了数学的运用在历法的编制中起到了重要作用。计数的方法也用于生产的各个方面，如偃师二里头发掘的1号宫殿，殿堂的柱距和正面大门的柱距均为3.8米，说明当时对数的运用已相当准确。安阳殷墟发现的木制车辆，其形制和各个部件的规格都相对一致。它们的车轮都是18根辐条。另外，为织出各种纹样的布、帛在织造过程中对经线和纬线数量进行配置等，都是运用数学计数的实例。从甲骨文所记的内容看，当时已有了奇数、偶数和倍数的概念。这在考古发掘中也有实证。安阳妇好墓中出土的随葬物品，有的是单个的，有的是成双的，如两件为对的妇好铭鸮尊、方彝、后母辛铭大方鼎等。有的则是成套的配置；有的是偶数，有的是奇数。如妇好铭分体甗两套4件，妇好铭镂孔觚6件一套，最早的早期编钟则是5件一套等。商代先民在数学方面积累的丰富知识，为后代数学的发展创造了良好的条件。

　　商人在前人积累的经验与知识的基础上，对疾病的认识前进了许多，甲骨卜辞中关于疾病的资料就有数百条之多。据研究，这些卜辞涉及的疾病有头、眼、耳、口、牙、喉、腹、鼻、足、趾等人体的十余个部位，称作"疾首""疾目""疾耳""疾口""疾齿""疾身""疾足"等。至于病的名称，出现在卜辞中的"风疾"，指受风头痛病，"喑疾"是咽喉病。商王武丁就得过这种病。此外，还知道有传染性的疟疾等。商人治病的方法除由"巫"进行祭祀、祈祷等活动外，还使用药物。

　　当时，中药汤剂是重要的治病剂型之一。晋代皇甫谧《甲乙经》序文中提到"伊尹……为汤液"。传说商王成汤有病，伊尹为之煎煮药液服用。把汤药的开始应用，归之某一个人是错误的，但由食物的选择中认识到某些动、植物经过煎熬后，它的溶液具有医疗效用，这是很科学的。

　　1973 年，考古工作者在河北藁城台西村发掘的一处商代遗址中，曾经发现植物种子 30 余枚，经过鉴定，被认为是有药用的桃仁和郁李仁。据后世的《神农本草经》说，桃仁"主治瘀血、血闭、症瘕、邪气、杀小虫"，郁李仁性"酸平无毒，治大腹水肿，面目四肢浮肿，利小便水道"。这两种果仁，都

郁李仁
郁李仁采摘于夏秋两季，晒干而得。其性平，味苦、甘，有润肺滑肠，下气利水的功效，能治疗大肠气滞、燥涩不通，四肢浮肿等症状。

含有苦杏仁甙，有润燥、通便和破瘀血之功效。上述发现说明 3000 年前我国先民已经发现了它们的药用功能，并用于治疗疾病。

另外，还有一些医疗工具。如藁城台西村的一座商代墓葬中有一个漆盒内放有一件石质的镰形工具，医史专家认为是医疗器具砭镰。砭镰是砭石中形似镰刀的一种，是利用其锋利的刃口切割肿瘤和放血用的。商代青

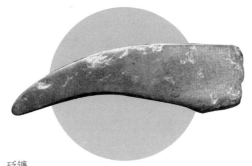

砭镰

图中砭镰出自河北藁城台西村商代第 14 号墓。砭镰的重要特点是省力，也是砭镰保健术与徒手按摩相比的一个主要优势。该砭镰现藏于河北省博物馆。

铜器已很发达，出土的小件铜器中，针、锥不少，有的可能就是用于针灸术的工具。砭镰由石器变为金属制成的镰状医疗用具，可能也已出现。

反映商代医疗水平的另一个方面是卫生保健知识有了显著提高，如郑州商城中发现了大型蓄水池。商代早、中、晚期的几个都城遗址中发现的陶质排水管多在宫殿区的台形建筑附近，说明当时大贵族已注意到污水的排放。偃师商城 1 号宫殿区发现了大的排水沟，从宫城内通到城外。安阳殷墟出土的陶水管中出现了"三通"，这使在宫殿下埋放的排水管道形成系统成为可能。所有这些，表明了当时对污水的排放，在建造宫殿时已被优先考虑，并在总体设计中予以安排，甚至形成网络。这无疑是一个进步。与前人相比，商人的房舍在建筑中更注意防潮，因而地面建筑（特别是夯土台建筑）更多了。都城中宫殿区、不同的作坊址、王陵区、平民聚落都有一定的规划。例如郑州商城的两个铸铜作坊及烧陶作坊址都在城外，安阳的铸铜作坊址和烧陶作坊都在距离宫殿区较远的地方，王陵区与祭祀场在宫殿区的西北，并有洹水相隔。这种布局自有其合理的因素。虽然这种布局是围绕商王为首的奴隶主大贵族而设置和规划的，但是把作坊址放在城外，或离城中心较远的地方，可以

防止烟尘的污染；将陵区和祭祀场置于远离居住的地方，无疑也是合于卫生要求的。此外，甲骨文中已有"沐""浴"等字，说明人们已有洗脸、洗手、洗澡等习惯。商代遗址与墓葬中曾有壶、盂、勺、盘等盥洗用器，殷墟还有带把的簸箕等，都说明个人和环境卫生问题已被人们所注意。

特别要提到的是商代遗址中水井的发现很多，有的深达数米。井内有的还有木质井圈。这些水井的使用，对改善民众饮用水是有益的。

## （六）商代雕琢技术的新突破

商代工匠制作玉石器的技术，虽然就程序而言与新石器时代晚期无多大差别，但因商代王室和大贵族组织了一批工匠为他们制作以玉和宝石为原料的礼仪用品、装饰品和工艺品，进行专业化生产，客观上促进了雕琢技术的进步。这些物品在造型、纹样装饰等方面具有一定的艺术感染力，在雕琢技术和表现手法方面都有不少创新。

从考古发掘提供的资料看到：河南的偃师、郑州、安阳，湖北的黄陂，河北的藁城，北京的平谷等地的商代遗址与墓葬中都出土了一批玉器。偃师二里头出土的玉器有戈、圭、刀、琮、铲、板、柄形饰等。它们的造型设计合理，雕琢的纹饰清晰流畅，说明工匠们的雕琢技术相当精巧。例如在一件长17.1厘米、宽1.8厘米的柄形玉器的四周，工匠雕琢的兽面纹样精细和谐，光洁度高，可视为这一时期的代表性作品。

出土商代中期的璋、戈、璜、柄形饰、小件玉质装饰品等，数量不算很多。集中反映商代制玉水平的是1976年安阳发掘的妇好墓出土的玉器。此墓出土700余件玉器，其数量之多、制作之精，属前所未见。这些玉器中有琮、璧、瑗、璜、圭等礼器以及在祭祀时使用的斧、钺、戈、矛、戚、锛、凿、铲、镰、各种小刀等，它们无实用价值，可能也

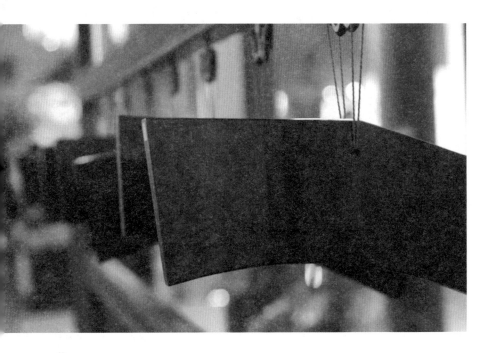

**磬**

磬最早是用于中国古代的乐舞活动，后来用于历代帝王、上层统治者的殿堂宴享、宗庙祭祀活动中的乐队演奏，成为象征其身份地位的"礼器"。

属与礼制有关的器具。有些则是实用器，如臼、杵、杯、调色盘、簋、勺、匕、觯、镰等。它们大多有使用痕迹，如调色盘中往往还有朱砂等颜料。磬是商代的一种打击乐器，安阳出土的玉磬或石磬，有的雕琢出装饰纹样，有的绘有彩色图案。另外，还有装饰、艺术品，如环、玦、笄、钏、珠以及玉与宝石组成的坠饰、串饰等。这些玉器的形制规矩，厚薄匀称，装饰花纹的线条流畅。如一柄一尺多长的玉戈，厚仅 0.5 厘米，脊线笔直，刃线自然，毫无缺损的痕迹。这是难度很大、具有很高水平的作品。

　　妇好墓出土的 10 多件玉雕人像和人头像，或戴冠、或盘发，工匠们运用写实手法把不同性别的人物及其服饰、发饰都进行了比较细腻的刻画。有的交领窄袖，腰束宽带，跪坐时衣缘及踝，腹前还有"蔽体"；有的则无衣无褐、赤身裸体。人像的面部都是粗眉大眼，高颧骨，蒙古人种的特征十分明显。妇好墓和小屯村北的居址中还出土了一批玉雕的动物制品。它们有虎、熊、象、鹿、马、牛、羊、狗、猴、兔、鹤、鹰、鸱鸮、鹦鹉、鸽、鸬鹚、雁、鸭、燕、鹅、鱼、蛙、鳖、蝉、螳螂、螺蛳等20多种，造型生动、形象。此外还有龙、凤、怪兽、怪鸟等制品。这些玉雕作品的形象，主要反映了当时的社会意识，但也很有特色。如玉龙的形象为昂首张口，身躯蜷曲，有欲起腾升之势。这类作品中注入了做器者的思想，采用夸张手法，集中表现它的性格特点，着力于传神。

安阳出土的玉器中以浅雕、浮雕等平面雕居多。这些玉雕制品的制作规矩、匀称，器表的纹饰，曲线与直线结合得流畅舒展；深浅的雕线，琢磨得柔润细腻，表明琢玉者掌握了相当成熟的技法。

安阳出土的玉、石器中，圆雕制品占有一定比重。这种制品要求雕琢者具有立体造型的能力，对雕琢的对象、玉材的选择、线条的运用等都要有很多的知识，因而比平面雕的难度要大。在这批作品中，无论是前肢交叉的蹲猴、直立扬鼻的大象，还是缓缓蠕动的龟、蚕，腾升欲飞的盘龙，由于比例恰当，技法比较成熟，它们不仅形似，而且传神，取得了较好的艺术效果。特别令人惊叹的是：工匠们能巧妙地利用玉料的自然色泽，把它们合理地配置于雕琢对象的特定位置而制作成"俏色"玉器，产生了意想不到的效果。如1975年在安阳小屯村北发现的两件玉鳖，雕琢者充分利用了玉料中黑白两种颜色的反差特点，琢成的鳖背甲是黑褐色的，头和颈及腹部是灰白色的，加上黑色的四爪和圆鼓的黑眼珠，给人以栩栩如生的感觉，增强了作品的艺术感染力。早在3000余年前的工匠们便能制作出这样的作品，充分反映了他们在选材、切割与加工过程中为表现立体造型的生动、真实所做的巧妙设计与熟练的雕琢技能。当今世人看到这样的作品，也不能不为之叹服。

把青铜与白玉这样两种不同质地、不同色泽的原料镶嵌在一起，能使作品产生特殊的效果。妇好墓中出土的两件玉援铜内戈，除了把玉援镶入铜内，还在内部嵌入细小的绿松石粒，用这些碎粒拼组成兽面的装饰图案。同出的铜虎形饰件，用青铜铸出张口、竖耳的老虎形象，虎的双耳包有金箔，身躯、头和尾则普遍镶嵌小绿松石块，表现出斑斓猛虎的形象。这些作品构思巧妙，技法娴熟，集金、铜、玉、石等多种工艺技术于一体，并取得了很好的艺术效果。这是商代工匠的聪明才智与卓越技能的突出例证。

商代晚期还有不少石雕制品，如妇好墓填土中放的石豆、石蝉、石熊、石磬、石牛等。以前在安阳还出过大理石制作的鼎、簋、觯等。此外还有用绿晶、绿松石、孔雀石、玛瑙制作的装饰品，其雕琢技术都达到一定水平。商代玉器的玉料有青玉、白玉、青白玉、墨玉、黄玉等多种，而以青玉为主。经过鉴定，都属软玉。它们的产地有的是新疆和阗，有的是辽宁岫岩，有些可能采自河南南阳。小屯村北与"俏色"玉

商代青玉龙形珮
现藏于天津博物馆。

器伴出的还有600多件玉石料和半成品及200多块砺石，它们都出自两间半地穴式房基面上。成品中除玉鳖外还有玉龟、石鳖、石虎、石鸭等圆雕制品。这座作坊究竟有多大，目前尚不清楚，但它在晚商宫殿区

内，似说明当时有一部分玉器作坊是为王室贵族服务，并由他们掌管的。商代王室对玉器、宝石器及其来源相当重视，甲骨文中就有取玉、征玉的记载。晚商工匠制作的玉、石制品的数量增多、体积较大、花纹细腻繁缛，还出现了不少圆雕制品，说明当时的雕琢工艺和抛光技术都达到了相当高的水平。推测当时已经出现了比较进步的琢玉工具。

商代的手工业中，骨器与象牙器的制作也是一个专门行业，在偃师、郑州、安阳等地的都城遗址中都发现了制骨作坊遗址。在偃师二里头遗址发掘时，清理的灰坑中曾经出土大量有锯痕的骨料、骨器的半成品、成品和砺石等遗物，应是个制骨作坊遗址。这里出土的骨制品有骨凿、骨锥、骨笄、骨镞、骨贝等。从出土的骨料、半成品及成品可知，当时制作骨器主要是选用大动物的肢骨作为原料，一般经过锯割、刮削成形，再予磨砺而成，其制作技术还较简单。郑州商城的制骨作坊在北城墙外的紫荆山，那里出土了不少骨料、骨制品和砺石等遗物。骨料上都有锯割过的痕迹，骨制品主要是镞和笄的成品和半成品。附近有房基。引人注目的是在出土的骨料中，除牛、鹿等动物的肢骨外，人的肢骨占了总数的一半。

安阳殷墟的骨、牙器生产获得很大发展。出土的骨制品有铲、刀、锥、针、鱼钩等生产工具，镞、矛等兵器，笄、梳、勺、匕、叉等生活用具，珠、管、环等装饰用品以及骨雕的人物和各种动物形象的艺术品。这些物品是人们生前所用，死后被作为随葬品而放入墓穴的。成束的骨镞置于箭囊之中；若干骨笄置于木盒之内，放在死者的周围；也有用若干骨珠与骨管和玉、石、玛瑙制品组成串饰而放在死者身上的。妇好墓中一个木盒内装的骨笄就有 400 余枚。

商人无论是男是女，都用骨笄束发，其中贵族妇女使用的骨笄制作相当精致、美丽。除有实用意义外，还有装饰意义。许多骨笄的笄帽雕刻出多种图案，有的雕成夔形、凤鸟形、圆盖形等。妇好墓出土的骨笄，其笄帽就有七种不同的形状，有的还用绿松石镶嵌。

骨雕的人物与动物形象是骨制品中水平较高的作品。有些人物和鹿、虎、龟、蛙等圆雕制品的眼、耳、鼻、身等各部位还用加工过的绿松石镶嵌，使这些骨雕制品的形象更加生动、传神。

商代的牙器中除了用一般的兽牙稍作加工（如钻孔）而使用外，还出现了不少精雕细刻的工艺品，如有用象牙雕成的梳、筒、杯等。其中以妇好墓中出土的三件象牙杯的工艺水平最高，也最具代表性。这三件象牙杯都是用象牙根段雕制而成。杯体呈筒形，两件是夔形鋬，高 30 厘米，口径 10.5—12.5 厘米，壁厚 0.9 厘米。一件是带流的按有虎形鋬的象牙杯，通高 42 厘米，流长 13 厘米，流宽 7.6—7.8 厘米，壁厚 0.9 厘米。这三件象牙杯都有鋬，它们也以象牙为原料，外形雕成夔形或虎形，并用榫接法将鋬插进杯体。这三件象牙杯通体雕刻精细的花纹。它们以云雷纹为地纹，浮于地纹之上的是兽面、夔龙、凤鸟和老虎图案，在两件夔鋬杯体上还用小绿松石镶嵌出兽面、夔龙等图案。

妇好墓出土的象牙杯
象牙杯呈米黄色，通体雕刻瑰丽精细的花纹，整体造型独特，纹饰华美。

这三件象牙杯造型美观别致，装饰的花纹纤细工整，镶嵌的图案规范匀称。它们的出土，使人们看到了 3000 年前的工匠制作的精美绝伦的工艺品。它们使国内外许多文物爱好者赞叹不已。

安阳殷墟北辛庄南地发现的制骨作坊址，曾经清理了一个长方形半地穴式居址，东西长 2.8 米，宽 1.95 米，西南角设有七级阶梯形通道，东北角有灶，并有不少骨器。在它的附近还清理了一个窖穴，里面堆放了很多骨料、骨器的半成品、成品和青铜刀、锯、钻以及粗细不等的砺石等。在不足250平方米的面积内，出土的骨料和半成品有5110块。这里出土的骨制品大量为骨笄（包括笄帽）和骨锥，表明这时的骨器生产，内部已有了分工。

每一件骨牙器的制作，大致要经过选材、锯割、加工成形、磨砺成器以及雕花、镶嵌和抛光等工序。由于青铜业的发达，这时制作的工具主要有各种大小青铜刀和锯、钻及粗细砺石等。各地出土的一般骨牙器，诸如三棱形或圆柱形骨镞等，都是当地的作坊生产的。但像妇好墓出土的象牙杯这样精美的艺术品，应是王室掌管的作坊制作的。

## （七）商代的车、船制作与地学

远古先民最初并不知道用舟车代步，更没有将车用于运输或战斗。我国古代什么时候开始制造并利用舟车，这是考古工作者一直在探索的问题。目前提供的考古资料说明，商代晚期的车、船制作技术已具有相当水平了。目前发现的商代的车已有数十辆。它们的形制比较进步，结构也相当复杂，说明我国古代制作车辆的历史，在商代以前已经有了很长的时间。只是由于这些车辆是木质的，数千年间使它们朽蚀已尽，很难被人们发现。商代车的发现为继续寻找更早的车辆提供了经验。

已经腐朽的木车怎么会被发现呢？原来，迄今发现的远古车辆，大多是王室、大贵族享用的。商王和大贵族死后，除了挖掘一个墓穴来埋放尸体外，还在墓道内或墓穴的一侧挖一个坑，专门埋放车、马。考古学家们称之为"陪葬坑"或"车马坑"。这种葬俗反映了死者生前的富贵，可能也包含了供死者在另一个世界里继续享用的意识。考古学家认识到这种情况后，便在发掘这些车马坑时仔细辨认木车朽蚀后的痕迹。

凭借这种朽痕与埋放时回填土的硬度、颜色的差异，将车辆的各个部件仔细地剔剥出来，从而使今天的人们能看到完整的商代车辆的遗迹。

商代的车马坑中，一般埋放一车二马。这种车由辕、衡、舆、轮、轴等几部分组成，形状和甲骨文与金文中的车字一样：后有双轮，独辕前伸。辕前端有衡，与辕十字形相交。衡的两侧有轭，是架马的用具。马匹置于车辕的两侧，就像日常生活中使用车辆时二马驾辕的情形一样。辕通长为2.56—2.92米，两轮间的轨距为2.23—2.4米，车轴长3.09米，轮径1.4—1.5米。在两轮之间，车轴之上设有车厢，这是载人的地方。车厢平面为长方形，长1.3—1.5米，宽0.7—1米，四周有栏杆，在车厢后部中央有缺口，供乘车者上、下之用。车轮是用粗细均匀、排列有序的18根辐条制作的，已脱离了用整块木板制作的原始阶段。车轮的制作，从整块木板到用轮辐制成，是制车技术的一大进步。它使车辆趋于轻便，速度加快。制作这种结构合理的车轮要求工匠们对木料的选择及各部件的连结技术有更高的水平。迄今发现的商代马车都很完整，形制也相似，说明当时车辆制作的技术已很熟练，车子规格比较统一，似有一定的车制。

从车马埋放的情况看，有些车厢的底部曾经出土过矢箙。箙作圆筒形，内装铜镞10枚，镞锋朝下。不少车马坑中，在车厢的后边都埋放一具成人的骨架和铜戈等兵器。因此，这种车的用途可能主要用于战事，是一种兵车。它是贵族们在战争、田猎或出行时的工具。

商代晚期使用的马车，除了河南安阳殷墟以外，在山东益都苏埠屯、陕西西安的老牛坡等地均有发现，其形制与结构基本上是一致的。可见这种兵车的制作已相当规范。发掘时，很多车和马头上还有青铜铸造的饰件，表明这种车在使用时，可能相当威武。同时，在不同地点都发现这种车的史实，表明车的使用，虽然限于身份较高的贵族，但是作为交通工具，它的使用已经有了较广的地域。

商代先民使用的车并非仅此一种。1987 年在安阳殷墟小屯村南花园庄的发掘中，发现当时的路土面上留下有 10 余条车辙。所谓车辙，是车辆在泥土地上行走时，车轮在路面上留下的轨迹。其中有两条长 19.3 米，宽 1.5 米（即两轮间距 1.5 米左右）。这与上面介绍的商代马车两轮间的轮距为 2.23—2.4 米不合，应是比上述马车的规格稍小的另一种车在此多次走动时遗留下的轨迹。在这里发现的十几条车辙中，除了这两条是平行的以外，其余的车辙的走向并无规律，显得杂乱，发掘者认为很可能是另一种独轮车的车辙。可惜这两种车辆尚未被发掘出土，因此，对它的形制、结构还无法知道。但这一发现还是很有意义的，它反映了商代工匠制作的车辆至少有两三种之多。前一种马车应是官吏、贵族所用，后两种则是民间用于生产和生活方面的工具。因为从车辙旁边堆放的大量兽骨看，可能与运输这些废料有关。

商代水上交通工具"舟"的实物尚未见到，但甲骨文和商代金文中已有"舟"字，也有舟字旁的字，如有的字写成人肩荷货贝立于舟中的形状。从舟字的形状可以看出，它比独木舟要进步。这说明人们已将舟这种水上交通工具用于扩大与外界往来联系的活动当中了。

我国发现最早的地图虽是在周秦之际，但地学知识的出现则有很久远的历史。民族学材料证明，一些停留在原始社会阶段的民族已经能画出一定地域范围内的路线一类的图形，所以商代是否已有地图而未被发现或不易保存而已失传，今天已很难说清。但商人的地学知识相当丰富，并在战争、田猎或出巡等活动中充分运用地学知识是确凿无疑的。

从出土的甲骨卜辞看到，当时记录的地名就有 500 余处。《尚书·序》曰："自契至于成汤八迁，汤始居亳，从先王居"；《尚书·盘庚》上有"不常厥邑，于今五邦"的记录。这就是说，商王成汤之前曾迁徙 8 次，成汤至盘庚时期又迁了 5 次，前后共迁都 13 次。关于这些迁徙的具体地点及其原因等，这里不作讨论，但是商人"不常厥邑"，一再迁徙是不假的。这些地方，商人在其活动中不仅居住了很长一段时间，而且迁徙以前必然对所迁地点有许多了解，才会采取行动。这里包含有地学方面的知识。

卜辞中所记，既有商人活动的地域及其名称，也有商的数十个方国分布在商的不同方向。其中许多方国，自商王武丁至帝辛时期，征伐不断。从卜辞内容可知，它们所在的方位，邻近哪些方国，从什么方向入侵，甚至征伐的来回路线，都记得很清楚。因此，有的学者根据卜辞所记的事由、内容、方位或方向及涉及的地点与时间等进行编排，推算出来回的路线。这说明商王对他直接控制的地区及四方、四土和各方国的地理方位等都有很明确的概念。另外，卜辞中还有不少山水之名、泉名及"丘""阜"等不同的名称，说明当时商人对地形、地貌也有相当的知识。

地学知识对频繁从事战争的商王室来说是很重要的。据卜辞记载，商人在征伐邛方时曾一次动用 5000 人，另外的一次动用了 3000 人。在征伐土方时，一次动用 5000 人。妇好在征伐羌方时，有一次用兵 13000 人。商王室在进行这样大规模的征战行动时，如果对有关路线及战场的地形、地貌缺乏必要的知识，那是很难想象的。因此，尽管我们今天难以说清楚当时在地学知识方面已经取得了怎样的成就，但商人对地学知识的认识可能是相当深刻的。例如《殷墟书契菁华》中有这样一片卜辞："癸巳卜，殼，贞旬亡因（祸）。王固（占）曰有祟（祟）！其有来嬉（艰）。乞（迄）至五日，丁酉，允有来嬉（艰）自西。沚馘告曰：土方正（征）我东鄙，弋二邑，邛方亦侵我西鄙田。"说的是癸巳这一天，贞人殼进行占卜，卜问一旬（十天）内是否有灾祸。商王说有灾祸。到了第五天，果然从西方传来了不好的消息。一个名叫沚甗的报告说，土方征伐我的东鄙，有两个邑受到灾祸、损失，邛方也攻我西鄙田。从这篇卜辞所记的内容可知，商王室中虽然十分迷信，但所记土方、邛方侵扰商王国领土的事，有时间、有地点，且方位明确，足见当时在地学方面具有丰富的知识。

**西**周王朝（公元前 11 世纪—前 771 年）是我国青铜文明的鼎盛时期。社会经济的发展，使物质财富得到进一步增长，促使社会分工更细，从事脑力劳动的人数也更多了。在这种情况下，我国古代的科学技术得到了进一步的发展，出现了冶铁技术，并在东周时代实现了向铁器时代的过渡。

## （一）农、牧业的发展与养殖业的出现

周人发源于中国西部的黄土高原。早在史前时期，他们即以粟、稷为主要种植作物，对农业的发展十分重视，周人灭商以后，入主中原。西周时期的农业生产工具虽然仍以木器、石器、骨器、蚌器为主，但金属农具的使用也逐渐增多。《诗经·周颂·臣工》中有"命我众人，庤

乃钱镈，奄观铚艾"的记载，所述钱镈为铲类、锄类工具，铚艾是收割工具。有人认为它们都是青铜工具。《诗经》是西周时期传下来的诗歌集，其中描写农业生产的诗篇就有十余篇。当时耕作的规模很大，所谓"千耦其耘""十千维耦"，反映了有成千上万的人同时从事农田劳动的情景。收获的粮食也很多，贮粮的仓廪如同山丘一样。

全国的土地名义上都属国王所有，即所谓"普天之下，莫非王土；率土之滨，莫非王臣"。周王又把土田和生产者一起赏赐给诸侯、贵族和官吏，他们得到土田后再分给自由民和奴隶们耕种。当时实行井田制，即把土田划分为一块块方田，每一方块都有一定的亩积。这种方块田，对诸侯、百官来说是计算俸禄的等级单位，对直接耕种者来说是作为课验勤惰的计算单位。据研究，当时一田约为100亩，合今31.2亩。

西周时期种植的农作物仍以粟、稷为主，这在西周遗址中时有发现。此外，还有麦、稻等谷类作物和大豆、大麻、苎麻等。近年，考古工作者在陕西省长武县碾子坡遗址的发掘工作中，在一座房舍基址的窖穴中发现了大量炭化的粮食，经鉴定为去皮的炭化高粱。这个遗址是灭商以前周人居住和活动的一个聚落。在这个聚落中发现炭化高粱遗存，说明周人当时已经种植高粱，并作为食粮之一而加以贮藏。

西周时期，在耕作技术、土地整治、农田水利、农作物选种和田间管理等方面都已积累了一定的经验。将土地整治成规整的一块农田，道路与沟洫纵横其间，形成原始的道路与灌溉系统，这对提高农作物产量是很重要的措施。同时，在总结几千年耕作技术的基础上，人们已经懂得了选择种子对作物生长的影响，开始重视留下好的种子的工作。在除草和施肥等方面，当时的人们也已积累了知识与经验。《诗经·周颂·良耜》中就记有用工具"以薅荼蓼"的除草方法，说明人们知道了田间杂草腐烂以后可以变成肥料的道理。所谓"荼蓼朽止，黍稷茂之"，正是从长期实践中得到的经验，于是就出现了不必让土地休闲来恢复地力，而可以持续进行耕种的"不易之田"。这是农业耕作史上的一大进步。周人在重视对"公田"进行耕作的同时，也鼓励农人去开垦荒地，被称为"私田"。公田有一定的规格，不能买卖，且要给公家交税；私田的大小形状无一定规格，它是开垦者真正的私有财产，最初还完全无税。因此这种私田的数量越多，向社会提供的产品也越多。

园艺业在西周时期也有发展，《诗经》中记述的蔬菜、果树的种类不少，只是还难以区分哪些是采集的野菜、野果，哪些是栽培在园圃里的。但瓜、瓠、葵、韭以及桃、梅、李等应属引入栽培的种类。桑树的种植与桑蚕的饲养规模比商王朝时有所扩大。《诗经·七月》中有"蚕月条桑，取彼斧斨，以伐远扬，猗彼女桑"的记载，讲的是用斧斨对桑树进行整枝的事，反映了当时人们对桑树的栽培、管理积累了一定的知识。

西周时期农业生产的发展，是西周王朝社会发展的基础。由于农业提供了丰富的粮食，使西周社会的分工更加细致，各种行业的专业化生产比商王朝时期都进了一步。作为西周社会的缩影，出现了周原、丰镐和洛阳王城这样具有很大规模的都城。城里建有巨大的宫殿和各种作坊。这种情况，为早期科学与技术的发展创造了良好的环境，因

丰镐

丰镐遗址位于陕西省西安市，是西周王朝的国都。1961年，丰镐遗址被国务院公布为第一批全国重点文物保护单位。

此，西周时期的科学技术又获得了新的进展。

西周时期的畜牧业生产也获得了较快的发展。当时六畜的饲养已相当普遍，其中饲养大牲口的数量有很大增长，所以在墓葬和遗址中能经常发现它们的骨骸。特别是墓葬中出土的牛头、牛腿及猪、鸡的骨骼比较常见，许多是作为祭食而被盛放在器物之内或棺椁之中的。狗则被整只杀埋，以便在另一个世界里继续起到警戒与护卫主人的作用。牛的饲养相当普遍，以民间散养为主，也有成群放牧的。牛的种类包括黄牛和水牛两种。马是狩猎和战争中的重要工具，受到王室贵族的特殊重视，马的饲养已形成规模。

黄牛
黄牛的适应能力强，耐粗饲，放牧性能好。在炎热季节不惧日光照射，不怕酷热，正常采食、放牧和反刍。黄牛的养殖地区几乎遍布中国各地。

水牛
水牛耳郭较短小，头额部狭长，背中线毛被前向，背部向后下方倾斜，角较细长。在农村地区，水牛是耕种的好帮手。

大牲畜的饲养情况是衡量社会中畜牧业发达与否的标志之一。当时饲养大牲畜的规模究竟有多大，今天已难知晓。但考古工作者提供的一些情况，给人们留下了很深的印象。例如陕西扶风云塘发掘的一处制骨作坊遗址中，发现了一个直径 9.5 米、深 4.2 米的圆形窖穴。这个坑中堆放了许多制骨后割锯下来的废料。仅半个坑（按：考古工作为从剖面了解坑中堆积的情况，发掘时常常分两半清理）中出土的废骨料就有 4000 多公斤。经鉴定，这些废骨料中有牛的左距骨 948 块、右距骨 621 块、左跟骨 1222 块、右跟骨 1306 块，马的左距骨 21 块、右距骨 27 块。上述数字说明，这个坑中堆放的废骨料，至少包含了 1306 头牛和 21 匹马的个体。这个坑的另一半堆放废骨料的情况未见报告，坑中实际埋放的牛马个体究竟有多少，虽不确知，但有可能倍于此数。这种堆放废料的垃圾坑，使用的时间一般都比较短。它的发现反映了在一个特定条件下，使用大量牛、马等大牲畜的情形。为了制作骨器而在较短的时间内使用上千头牛、马的个体，从这个实例中可以看出当时饲养大牲畜的规模是不小的。

六畜是我国古代居民获取动物脂肪与蛋白质的主要来源。若这种来源越充足，对提高人体体质、促使大脑的发育都会有很重要的作用。同时，牛可耕地，马可架车，是当时最重要的运输工具。战车又是重要的武器装备，在战争中能发挥重要的作用，所以马的数量又是与国力强盛联系在一起的。当时，诸侯国的实力往往以战车的数量来衡量就是很好的证明。奴隶主贵族死后还要用车、马来陪葬，以显示其身份与地位。目前，在陕西长安圭镐遗址和河南洛阳、浚县、陕县及北京房山琉璃河等地的西周遗址中，都发现了为大贵族墓陪葬的车马坑，少者一车二马，多者十数辆车、数十匹马。此外，牛、马骨骼又是骨器生产的原材料。无论是骨铲、骨锥或骨刀、骨笄、骨珠等，无不取自这些动物。甚至占卜和记录卜辞的原料之一——肩胛骨，也是取自这些大牲畜。所以畜牧业在西周社会中仍居于重要的位置。

有关当时饲养马匹的情况，《周礼》中有较多记载。如春季发情交配的时候，要把未成年的牡驹管束起来，不得混于母马之中；母马受孕以后，要分群放牧，以保护母畜；马群中要选育良种，并把劣质马匹适时淘汰掉等。另外，阉割术已经发明。大牲畜做过去势术后，可使牲畜的性情温顺，且膘肥肉壮，既便于役使，又可提高经济价值。

我国的养殖业起于何时，这是科技史上的一个问题。鱼作为食物被人类捕食，早在旧石器时代就已发生了，所以遗址内常常发现鱼的化石。新石器时代捕捞鱼类时，可用鱼叉叉鱼、鱼钩钓鱼、渔网捕鱼。故在考古发掘中经常出土骨制的鱼叉、鱼钩，石质和陶质的网坠等捕捞工具。由于大自然赋予的鱼类资源十分丰富，人们选择的栖息地和聚落，大多在离水源较近的地方，所以在很长一段时期内，人们只要向江河湖海去索取，就有足够的鱼类供他们食用，不需要通过饲养的方法来提供鱼类资源。随着人口的增长，人们在生活实践中又逐渐认识到鱼类的繁殖与生长的情况。当他们一旦发现在聚落附近的水塘中放养的鱼类能自

**陶网坠**

网坠的作用是结在网的下端，使网下沉。网坠的表面均打磨光平，中间一般设一横向凹槽，两端各有一个纵向凹槽，用于把网坠固定在网上。

然繁殖更多的鱼时，就滋生出有目的养殖鱼类的想法。

考古发现的材料证明，至少在西周时期，我国已经有了养殖业。在河南省信阳市孙砦遗址考古发掘中，发现了一处西周时期养殖鱼苗的遗迹[①]，这是迄今所知年代最早的一处水生动物养殖业遗址。已发掘出大方坑一个，长42米，宽16米，深4米。在这个大坑内深约2米的部位出现了纵横的隔梁，把这个长方坑的下部隔成两两成对的两排小坑，即每排五个，每个小型长方坑长约8米，宽为4.6—6.6米，坑底距地表4米（即小长方坑的实际深度为2米左右）。其中北端的8号坑中又有一个隔梁，将它分为南、北两个小坑。小坑的长度为4米多，宽不足2米，坑的深度只有30厘米。这个大型长方坑及其小坑都是人工挖成的。大坑的坑壁平整光滑，所有小坑的布局也很有规律。坑内堆积的除了西周时期的陶器、石器等遗物外，还有木棍和豆、匕、钩、槌、桨、橹等木器，鱼罩、鱼篓、竹筐等竹器，草鞋、草绳等编织物和水草等遗物。各坑底部普遍有一层厚20—60厘米的青灰色淤泥，还发现不少完整的鱼骨架、小鱼和虾的遗骸以及菱角等水生物。据研究，这是一处养殖鱼苗的坑池遗址。在大坑中又套挖11个小坑，主要是为育种过程中分池饲养和鱼类越冬时防寒的需要。坑中池水的深度经常保持在1.66米以上，可以保持鱼池水温。若在小坑上面覆盖草席之类植物，冬天可以防止水面结冰，盛夏时可避免水温过高而影响鱼卵孵化，也可防止鸟类衔食幼鱼。至于坑中出土的许多水草、草绳、带杈的木棍、竹竿等物品，可能是为鱼类产卵而放置的。因为，像鲤鱼类在产卵时必须找到鱼卵的附着物方肯产卵。坑中出土的鱼罩、鱼篓、竹筐等用具也与渔捞作业有关。这些用具的网眼形状与大小都和捕捞对象的形体大小有关，这

① 河南省文物研究所：《信阳孙砦遗址发掘报告》，《华夏考古》1989年第2期。

七、西周王朝的科技成就

些情况反映了当时这个养鱼池中的养殖情况。

信阳孙砦遗址地处大别山北麓，如今这里的年平均气温为 14.6℃。1 月份的平均气温为 1.7℃，绝对最低气温为零下 10.3℃；7 月份平均气温为 25.2℃，绝对最高气温 35.3℃。年降水量平均为 1005 毫米，多集中在 6、7 两月。全年无霜期为 212 天。渔业相当发达，盛产鲤鱼、草鱼、鲢鱼、鳊鱼、鲫鱼等。西周时期这里的气温与雨量同今天相近，因此，鱼类养殖业在这里出现，应与其合适的自然条件有关。从坑中出土的木桨、木橹等工具看，当时有小型的渔舟，便于人们穿梭在这个淮河上游江河湖沼密布的多水区域，从事捕捞与运输。信阳孙砦遗址中出现这样大型的鱼类养殖池，还说明当时人们在鱼类养殖方面已掌握了比较成熟的技能，鱼类养殖已有一定的规模。因此，我国古代养殖业的年代或许比这个遗址的年代还要早。

养殖业的出现，是人类从依赖自然资源，在捕捞中获取鱼资源，转向有目的地养殖鱼类，人为地发展鱼类资源的一个创举。在距今 3000 年前后出现的这一创举，表明古代先民在与自然界的斗争中又迈出了重要的一步。

## （二）西周建筑技术的新进展

反映西周时期的建筑技术及其水平的，仍然是当时的宫殿与宗庙建筑。1976 年在陕西岐山县京当公社凤雏村发现的一组大型建筑基址和扶风县法门公社召陈村发现的建筑基址群，是这一时期的代表。这些基址都在周原遗址的范围之内。

周原遗址是周人的发祥地和灭商以前的都城遗址。它包括岐山和扶风两县的一部分，面积约 15 平方公里。周文王的祖父古公亶父自邠迁至此地，开始营建城郭，成为周人的早期都邑。公元前 11 世纪后半

叶，周文王迁都于丰，武王建镐京后，这里仍是周人重要的政治中心。

凤雏的大型木构建筑坐落在一个夯土台基上，台基南北长 45.2 米，东西宽 32.5 米，面积约 1500 平方米。由于原来的地面北高南低，所以建造时南端曾经垫高，使台基的表面处于同一水平面上。台基高约 1.3 米。整座建筑坐北朝南，方向北偏西 10 度。当时建造用的木构件早已不存在了，但它的基座与柱洞保存相当完好，所以仍可看出这座建筑物的布局是以门道、前堂、过廊、后室为中轴的。在东、西两侧则配置厢房，形成一个前后两进、东西对称的封闭性院落。

这座建筑的门道在南面正中，正对门道的是影壁，即所谓屏。门道的两侧有东、西两塾（门房），门内堂前有中庭。中庭的两侧各有两个台阶通向东、西厢房，北边则有三个斜坡状台阶直通前堂。前堂是这组建筑的主体，其台基比周围高出 0.3—0.4 米。地面的柱洞排列有序，计东西 7 排，南北 4 排，可知原建筑物面阔为 6 间，进深 3 间。前堂的后面与后室之间又有两个 8 米见方的小院，为东、西天井。它们的北侧各有一个台阶通往后室。后室在台基的最北部，东西一排有 5 间房舍。台基东西两侧的厢房各有 8 间，大小不等，但东西对称。东、西厢房和后室有走廊相通。

这座建筑的规模较小，它很可能是奉祀祖先的宗庙建筑，但因宗庙建筑的布局与当时起居的宫室基本相同，所以它究竟是宫殿，还是宗庙，目前还难以推定。尽管它建成前、后两进的四合院形式，仍可看出与偃师二里头宫殿建筑有继承关系。它的发展途径是：环绕中庭的庑向庭内紧缩，庑与门、堂、室等连接在一起，从而形成前后两个庭院。后世四合院的基本特点，如四面用建筑封闭，中为庭院，在中轴线左右的两厢对称等，在这座建筑中都已出现。这说明我国建筑布局采用四合院形式至少已有 3000 年的历史了。在这座建筑中，院内外都有斜坡散水装置，还发现了两处排水管道。一处从中庭经由东塾的台基下流向院外；另一处由后庭西天井通过过廊、东天井、东厢房的台基下流向院外。排水管道用陶水管套接，或用卵石砌筑。建筑物的地面和墙壁都用泥浆掺和细砂和石灰涂抹，表面光洁，质地坚硬，具有较好的防湿性能。另外，在房屋堆积中发现少量的瓦，说明房顶的某些部位已用瓦覆盖。这座建筑为防潮而设置的散水和排水系统，比商代的完备和复杂，有了较大的进步。

扶风召陈发现的一处西周建筑基址群，已发现夯土台基 15 座。其中 3 座保存较完整，面积也较大，都超过 2000 平方米。如 8 号基址东西长 22.5 米，南北宽 10.4 米，台基残高为 0.76 米，系用黄土夯筑而成。台基周围有宽 0.5—0.55 米的一周散水，全用卵石铺筑而成。台基面上由南到北排列四排柱础，间距为 3 米。自东到西，有八排柱础，间距大多为 3 米，只有第二个柱础与第三个柱础之间，第六个柱础与第七个柱础之间的距离稍小，只有 2.5 米，而且各有一道南北向的、宽约 0.8 米的夯土墙，将基址分隔为三部分。这两垛夯土墙的中央，各增加一个柱础。台基中部的四个柱础减为两个，它们的位置也移至中线。这些柱础穴的直径达 90—100 厘米。另一座 3 号基址，东西长 24 米，南北宽 15 米，残高 0.73 米，也由黄土夯筑而成。这个台基面上，自东到西有七排柱础。中间三排柱础的间距为 5.5 米，两侧的两排柱础间距为三米。在第二、三柱和第五、六柱之间也有一道南北向的宽 0.8 米的夯土墙，这两堵墙的中部各增加一个柱础。中间三排由南至北各有五个柱础，两侧两排则各有六个柱础。这些柱础直径为 65 厘米左右。这两个建筑基址的形制基本相同，但它们的开间不同，一座的开间为偶数（6 间），另一座的开间为奇数（7 间）。

召陈发现的建筑基址群不像凤雏发现的建筑基址那样自成院落。这 15 座台基中，有两座建筑为西周中期所造，到西周晚期才被废弃。其余 13 座的年代比它们略早，约当西周早期。由于它们中多数保存不好，关于它们之间存在怎样的组合关系，已不易确定。不过，从每座台基面上存留的排列有序的柱础可以知道原来都有木构建筑，而且柱距较大，如 3 号基址的最大柱距达 5.6 米。立柱的直径一般为 50—70 厘米。立柱粗，跨度大，无论从总体规模还是从建筑物的体量上看，都比凤雏发现的建筑基址要大。它的结构可能已相当复杂。

木构建筑越高大，越需要有一个坚实的地基。如果地基过浅，对节点不牢的早期栽柱构架来说就不能稳定，柱基在春天解冻翻浆时，柱脚要大幅度及不均匀地沉陷，这势必会影响建筑物的安全使用。因此，经验告诉人们，在荷载较大的情况下，栽柱暗础的基底必须坐落在冻不透的土壤上才能确保无虞。但对高大的建筑来说，立柱埋得越深，要求粗大柱料的长度也越长，在缺乏机械的情况下立柱的难度是很大的。为此，只有改善柱基的做法，即在安放柱子的位置，着重加夯，筑成一个坚固、防潮、可以不受冰冻影响的地基。召陈发现的 3 号、5 号、8 号基址的柱础不仅大而深，且加入砾石夯筑。3 号基址的柱础直径最大，柱础石下铺垫的大砾石有 7、8 层之多，与黄土一起夯实成为立柱的柱基。这在结构上可以加大柱脚承压面，减少压应力，在构造上还可起防潮的作用。这是一个进步。同时，召陈发现的柱础，虽然仍在地表面以下，但立柱埋下的深度已减至 10 厘米左右，实际上已不是栽柱，近乎在台面上立柱。这也反映了当时营造的木构建筑，其梁、柱构架的整体性又有所提高。这一技术在东周时期的建筑中被因袭使用。

西周时期建筑技术的另一个进步是瓦的使用。屋瓦最早发现于丰镐遗址，当时在窖穴中出土还难以推断其用法。后来凤雏、召陈都发现了屋瓦，特别是召陈建筑基址发现较多，有板瓦、筒瓦及半瓦当等，可知当时的建筑屋顶已经用陶瓦覆盖。

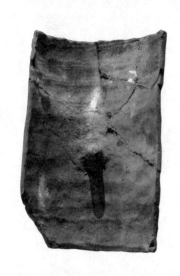

西周遗址出土的瓦是迄今发现的我国年代最早的陶瓦，它用泥条盘筑法制作，经过烧制而成。少量瓦上有环或钉，这是为把瓦固定在屋面上防止滑动而制作的。瓦钉有两种形式：一种是帽钉形，可以系绳，也可压入屋顶的泥背中；另一种是锥形，是插入苫背泥中的。由于发现的数量不多，可能当时只有在脊、檐口等部位使用，不是覆盖全部屋顶。即使如此，陶瓦的发明也是建筑技术上的一个重要进步。

**西周内单钉板瓦**
陶瓦是以黏土为材料，加入粉碎的沉积页岩成分，高温煅烧而成的。

周兴之初，文王作丰，武王作镐。丰镐两京是西周时期的都邑，位于陕西省西安市长安区的沣河两岸，面积达十余平方公里。在丰镐遗址也曾发现十余处大型建筑基址，附近也出土过陶瓦等建筑材料。这种大型建筑基址的发现，为了解这类都城遗址的布局及居民们的生产、生活状况提供了极好的素材。湖北蕲春发现的干栏式建筑基址，在发掘时还可以看到保留的大量木柱、木板、方木及木制楼梯的残迹。一些木构件上也有榫卯。在一座房屋的西部发现一块长方形的木条，可能是作榫接板柱用的。有一处木板，由 3 块长方形木板和一条木棍组成，木板平行排列，东部有榫槽穿以木棍将木板连接在一起，可能作地板之用。可惜这处木构建筑保存不好，很多构件已经朽坏，已难以深入研究。但以当时的建筑水平而言，这类建筑比起以前的（诸如河姆渡发现的干栏式建筑）有较大的进步。

## （三）天文历法与地学

西周时期对年、月、日的记录已十分明确，有时还记有月相，这在青铜器铭文中记载很多，如牧簋铭文即用"七年十三月既生霸甲寅"等文字来记录当时的事件。当时记录的月相有四个不同名称，即"初吉""既生霸""既望""既死霸"。这四种月相是概括月亮绕地球运转时，从地球上看到的月球盈亏的变化所作的四分法。它的出现表明人们对月亮的盈亏变化的规律性有了一定的认识。

西周时期的天象观测有了不少新发现。二十八宿是春秋时确定下来的。

所谓二十八宿，是把天球黄赤道带附近的恒星分为 28 组，其名称为：角、亢、氐、房、心、尾、箕、斗、牛、女、虚、危、室、壁、奎、娄、胃、昴、毕、觜、参、井、鬼、柳、星、张、翼、轸。一组即是一宿，每一宿中都取一颗星作这个宿的量度标志，称为该宿的距星。这样就建立起一个便于描述某一天象发生位置的较准确的参考系统。但这个系统的确立是经历了很长的历史过程的。从《诗经》中可以看到，二十八宿中的一些名字已经出现了，例如火（心）、箕、斗、定（室、壁）、昴、毕、参、牛、女等，甚至还出现了银河（天汉），说明当时对恒星已有了较多的认识。同时《诗经》中还有诗句将恒星的出没所反映的季节变化与社会生产、人民生活的关系清楚地表达了出来，如"七月流火，九月授衣""定之方中，作于楚宫"等。此外，人们对于行星也已有所认识，如《诗经》中提到的"启明""明星""长庚"，指的都是金星。

周代已经使用十二地支来计时了，把一天分为十二时辰，使计时更加定量化了。有关测时的仪器，大概在周以前就已发明了漏壶这种计时工具了，因为在《周礼·夏官》中记有"挈壶氏掌挈壶……以水火守之，分以日夜"，这种仪器不论阴雨、夜晚都可以使用。周人继续使用这种计时工具是没问题的。周人还发明了用圭表测影的方法，确定冬至（一年正午日影最长之日）和夏至（正午日影最短之日）等节气。这样再配合以一定的计算，就可使回归年长度的测量达到一定的准确度。周代历法的另一个进步是能定出朔日。《诗经·小雅·十月之交》记有"十月之交，朔日辛卯，日有食之，亦孔之丑……"，这是我国古籍中最早出现的"朔日"的记载，也是我国有明确日期记载日食的最早记录，据推算应是周幽王六年十月初一日。这说明西周时期我国的历法已达到相当高的水平。

周人在继承商代文化的基础上，对地学知识的认识也前进了一步。他们对不同地形的观察更加细致了，所以在《诗经》里，不同的地形有不同的名称，如山、岗、丘、陵、原、隰、洲、渚等。此外，还根据其他特点而出现了许多名称。如丘是与平原相对而言，但单独的一个丘称为"顿丘"，四周高而中央低的称为"宛丘"；对于山，则把山上有草木的称为"岊"，没有草木的称为"岵"等。

周代可能已有地图。据文献记载，周武王灭商回到京城以后，深感丰镐离商殷故地距离太远，难以实行有效的统治，于是决定在伊、洛河流域建一个新邑。他未完成此愿就去世了。成王即位以后，为实现武王的遗愿，先派召公去今洛阳一带进行考察，以后又派周公去卜问选址。周公选好地点以后，把占卜的情形和图献给了成王。成王时建造的这个"新邑"在金文中多次有记载，特别是陕西宝鸡贾村出土的何尊，有铭文122字，记录的就是武王克商之后决定"宅兹中国"和新邑建成以后成王"迁宅于成周"的事，这与文献中记载的是一致的。因此，《尚书·洛诰》中提到的周公把占卜的结果连

**何尊**
何尊是中国首批禁止出国（境）展览文物、国家一级文物，是中国西周早期一个名叫何的西周宗室贵族所制作的祭器。现收藏于中国宝鸡青铜器博物院。

同图献给成王的事，很可能是存在的。此外，《诗经·周颂》中说周武王得天下以后，巡视四方是依据绘有山川的图，依次对高山大川进行祭祀的。从这些情况看，当时不仅已有了绘制的地图，大概这种地图已有一定的规格和要求。

由于至今未发现西周时期的地图，所以上述说法只是一种推论。不过岐山凤雏发现的建筑基址，以门道、前堂、过廊、后室为中轴，东西配置厢房，形成一个前后两进、东西对称的封闭式院落。其格局严密、对称、规范，或可说明当时建造这座大型建筑时是先有设计蓝图，然后由工匠们按图施工营造的。

地学知识的积累是与对地形、地貌的观察分不开的，而地形、地貌

也不是静止不变的。很早以前，人们就注意到这种变化了，所以《周易·谦卦彖辞》中有"地道变盈而流谦"之说，即地表的起伏形状不是一成不变的，有的地方高山会逐渐降低，而低地也会逐渐升高。特别是黄土高原地区，这种变化是经常的，暴雨的侵袭、河流的冲蚀，都会不断地改变地形、地貌。我国又是多地震的国家，自古以来，地震给人们带来了灾难与恐惧，更引起人们的注意，所以，地震的记载，很早就出现于古籍之中了。如《诗经·小雅·十月之交》中就有"烨烨震电，不宁不令，百川沸腾，山冢崒崩，高岸为谷，深谷为陵"等，记的就是地震引起的地动山摇，使人不得安宁。出现山崩地裂之时，有的地方塌陷，有的地方隆起，地形地貌出现了新的变化。至于《史记·周本纪》所记的周幽王二年时，"周三川皆震……三川竭，岐山崩"，应是一次大地震的记述。

## （四）螺钿漆器的制作与纺织技术

漆的发现与使用虽然早在新石器时代就已出现了，但是漆器制作从木器加工业中分离出来可能是在商周时期。考古工作者在偃师二里头、安阳殷墟和藁城台西等遗址中都发现了红地黑彩的残漆片。台西发现的漆片上还镶嵌绿松石作为装饰。安阳出土的漆器上有的使用石片、蚌片、龟甲等组成图案花纹镶嵌，可惜尚未发现完整的漆器，所以对它的工艺尚难作分析。

西周时期的漆器，在河南浚县辛村、洛阳庞家沟、湖北蕲春毛家咀、陕西长安张家坡、扶风云塘和北京房山琉璃河等地均有发现，其中以琉璃河发现的数量为最多，计有觚、罍、豆、簋、盘、方彝等器类。它们大多绘有装饰图案，有的还镶嵌加工过的蚌泡、蚌片。如一件漆豆的豆盘外表用蚌泡和蚌片镶嵌，与上下的朱色弦纹组成装饰纹带，豆柄

则用蚌片嵌出眉、目、鼻等
部位，与朱漆纹样组成兽面
图案。在一件漆罍上，除在
朱漆地上绘出褐色云雷纹、
弦纹外，还在器盖上用细小
的蚌片嵌出圆涡纹图案；在
颈、肩、腹部用加工成各种
形状的蚌片嵌出凤鸟、圆涡
和兽面的图形；在附加的牛
头形、鸟头形器把上也用蚌
片镶嵌，使牛头和凤鸟的形

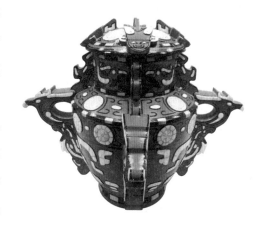

西周漆罍
彩绘与蚌片的有机结合，成为西周漆器装饰图案中最具
特色的装饰手法。

象更加突出和醒目。这些漆器的制作，集漆、绘、雕、嵌等技术于一
身，巧妙地将几何图形与动物形象和谐地统一了起来，庄重而华丽，是
罕见的艺术珍品。这种以蚌泡、蚌片镶嵌的漆器即是螺钿。

《髹漆录》云螺钿"即螺填也。百般文图，点、抹、钩、条，总以
精细密致如画为妙。又分截壳色，随彩饰缀者，光华可赏。又有片嵌
者，界郭理皴皆以划分。又有加沙者，沙有细粗"。这是专指用蚌壳截
切成各种形状的小块，嵌拼成图案装饰的漆器。过去有人认为螺钿起源
于日本，或从印度传到中国。这些发现证明，这一技术最晚在 3000 年
前的西周初期，就已被中国古代的工匠所创造了。

当时除用蚌片、蚌泡等镶嵌外，还用其他原料镶嵌。如北京琉璃河
出土的一件朱地褐彩的漆觚，除在腰部浅雕三条变形夔龙（内髹褐漆）
组成花纹带外，上下还贴有三圈金箔，并用绿松石镶嵌在夔龙的眼部。
这件漆器将朱、褐、黄、绿四种颜色很好地协调起来，即使在今天看来
也不失为上乘之作。当时的工匠们能制作这样精美的漆器，反映了西周

时期漆器生产已相当发达了。

西周时期的漆器仍是木胎，大多用整块或整段木料雕凿成形，造型别致。如琉璃河出土的漆器，鸟、兽形把手附件是用榫卯连接或用粘接的方法和器体接合在一起的。随着各种青铜工具的出现，促使细木工艺有所提高，所以漆器的制作也得以改进。漆器的胎骨变薄，器类逐渐增多。木胎成形后，要经打磨光滑，然后再髹漆。如有彩绘、雕花、镶嵌的，还需加上这几道工序。最后还要抛光，以使漆器表面更有光泽，与其他对比色彩相衬托，使之获得更好的效果。从出土的西周漆器看到，它们的造型庄重，装饰纹样的绘制，雕刻、镶嵌技术之精细，都达到了相当高的水平。其中，把蚌片磨成厚度为 0.2 厘米的薄片，嵌成各种鸟、兽图案，开创了我国螺钿漆器工艺，使漆器生产的实用性与观赏性结合起来，成为人们十分喜爱的一种实用工艺品。

西周的纺织业仍以麻纺和丝纺为主，也有少量毛纺织品。麻布是当时多数人制作衣服的原料。麻的种植已较普遍，但在考古发掘中发现的麻布实物较少，多为麻布的痕迹。如在墓葬中死者身旁紧贴衣服的随葬品上常能找到麻布的印痕。有的随葬器物下葬前曾用麻布包裹，发掘时还能看到多层麻布的印痕。只是这种印痕多印在泥土上，很不容易保存。宝鸡茹家庄发掘的一座贵族墓中，在一柄青铜短剑的柄部有细线缠绕。在显微镜下观察，其单纤维横切面呈多边形，有明显空腔，纱线纵向呈纤维束之排列，被确认为是麻类植物（可能是苎麻）。

据报道，1990 年在河南陕县上村岭发掘的西周晚期墓中，还出土了麻布和整件毛织衣物，这是很难得的发现。

当时使用的纺织原料，除了麻以外，还有苎、葛、蕨（苘麻）、褚、菅、蒯等植物。人们已认识到麻纤维的长度和韧性比菅、蒯等野生植物要好。在这些植物中，麻和葛的纤维必须经过脱胶才能利用，所以麻在收割以后要浸沤，经过一定时间的发酵，使麻皮腐蚀柔软。从《诗经》中有"可以沤麻""可以沤苎"的记载看，两周时期人们已经掌握了这种技术。葛纤维的胶质不易脱解，非使用高温不可，需要用沸水烹煮。《诗经》中的"是刈是濩"，"濩"就是煮。

西周时期的麻纺技术有了明显的进步，麻织品的质量有所改进。据研究，这时已有了统一的纱支标准，计算纱支的主要单位叫"升"，每升为80根经线。人们可以根据不同的用途，按照纱支标准织造粗细不同的麻布。据《仪礼》等书记载，周代的麻布一般幅宽为周尺二尺二寸，约合今天的一尺五寸。最粗的布用三升，专供丧服之用；较粗的布用七升，专供奴隶穿着之用；最细的则用十五升和三十升，是供贵族、官吏们朝会宴享和制冕时使用的。用1200根或2400根经线织成宽2.2尺的麻布，每厘米的经密约24根或48根。这种布的密度就很大了。这后一种布的经密已和近代较细的棉布相当接近了。

西周时期的丝织物在考古发掘中发现不多，见于文献记载的有绢、帛、纨、缯、绮、罗、绵、纱、縠等。在西周初的金文中就已经出现有"帛"了，它常用来作为王赏赐给官吏、贵族的赏赐物。从东周时期出土的大量精美丝织品可知，西周时期的丝织技术应比商代有所提高，当时出现较多的丝织物品种是有可能的。

宝鸡茹家庄西周墓中出土过一些丝织品的印痕，它们都是包裹青铜器而附着于铜器表面的，这些印痕仍清晰可辨。它们多为平纹的绢。此外，在棺内墓主尸体之下的淤泥中还发现了刺绣制品的痕迹。这件制品可能是衾被之类。它的地帛为平纹丝绢，经密30/厘米，纬密25/厘米，刺绣方法为锁线绣，绣圈每厘米有10个，绣道宽每毫米为1.5。这是目前发现的年代较早的刺绣织品的标本。河南信阳张砦遗址中发现的两块丝织物，鉴定者曾对纤维进行切片，观察到截面有明显的纯三角形状，被确定为家蚕丝纤维。但三角形截面间无明显的对应关系，推知在织造前已经精练，所以茧丝中的单丝自由松散。这两块织物都是平纹组织。据研究，织物的经纬线都是将丝纤维拈制而成，因而被称作"䌷"，即今人称作绵绸者。推测这是选用下脚茧，如鹅口茧、蛹衬之类，对它们进行精练后脱胶，然后将松散的茧丝拉出加拈成丝线（采用的是中国传统的 S 拈）再进行织造。不过，这块织物较残，已经无法对它的织造技术进行深入的研究，但从当时的技术水平推测，这种平纹组织的织物是在原始的腰机上织成的。

## （五）人工冶铁技术的出现

铁器的使用虽然比青铜器要晚，但它质地坚硬，适合于制作工具、武器等物品。铁金属在地球上的储量远比铜金属要大，分布也相当普遍，所以铁制品的成本比铜金属要低廉得多。在世界各民族的古代文化中，铁器出现以后，很快在工农业生产领域普及，在人类历史上起到了重大的作用。因此，在研究中国历史时，有关中国发明冶铁及使用铁器的问题历来为人们所关心。

考古发掘的材料证明，人类认识铁金属的时间是很早的。我国先民早在商代就已认识了铁。1972 年在河北藁城的台西遗址出土了一件铜钺，它的刃部嵌有铁质的金属。经鉴定，铜钺的铁刃中没有人工冶铁所含的大量夹杂物，含镍量在 6% 以上，含钴量在 0.4% 以上，并且保留了高低镍、钴层状分布，因此确定铁刃不是人工冶炼的铁，而是陨铁加热后锻成嵌入钺的刃部的。1977 年在北京平谷县（今为平谷区）刘家河的一座商代墓葬中也出土了一柄铜钺，残长 8.4 厘米。它的刃部也是嵌铸在一起的铁金属，据鉴定也是陨铁。1931 年在河南浚县发现的周初铁刃铜钺和铁援戈，据鉴定，其铁质部分也是陨铁锻成的。这些发现

○ 铜钺

据史书记载，钺为一种古代兵器，青铜制，圆刃或平刃，安装木柄，持以砍斫。盛行于商代及西周。

说明，早在公元前 14 世纪，先民们就已认识到铁，并能识别出铁与青铜在性质上差异。同时还懂得了铁的热加工性能，用简单的工具锻打陨铁，使之成为厚仅 2 毫米的薄刃与青铜铸接成器。这说明商代的工匠在金属加工技术方面已取得了一定的成就。

由于铁金属的熔点比铜金属要高，所以人工冶铁的出现比冶铜业的出现相对要晚。但是随着冶铜技术的不断改进，冶炼炉的温度也随之提高。当炉内温度达到铁金属的熔点时，铁矿石也被熔化而离析出铁金属。因此，冶铜过程中铜金属内往往含有微量的铁元素。1976 年在山西灵石的一座商代墓葬中出土的一件铜钺，通体有铁锈。经化验，刃部的含铁量达到 8.02%。这样高的含铁量是比较少见的。它不可能是铸造铜钺时有意掺进去的，应是冶铜过程中冶炼炉的温度达到了将伴生的铜铁矿石中的铁也部分地冶炼出来，在铸造铜钺时这些铁金属也一起铸进了铜钺之中。这种情况说明距离人工冶铁的出现已为时不远了。

我国何时出现人工冶炼的铁制品，这一直是考古工作者思考的问题，为此他们在田野工作中到处寻觅答案。在 20 世纪 60—80 年代发现的冶铁制品，其年代上限只能推至春秋，所以一般认为在春秋时期，中原地区的先民们才开始掌握这种技术。不过，1990 年在河南陕县上村岭发掘的西周晚期墓葬中出土了一件玉茎铜芯铁剑，长约 33 厘米。剑身为铁质，先以铜芯与之相接，尔后将铜芯部嵌玉茎之内，剑首及茎身接合部分均镶嵌绿松石片。剑身外包裹有丝织物，剑装在用皮革制作的剑鞘内。此外，2009 号墓内还出有铁刃铜戈及其他铁器。这是我国中原地区迄今发现的年代最早的人工冶铁制品。这一发现，把我国中原地区人工冶铁的时间上推到了西周晚期，据研究，这柄玉茎铜芯铁剑的铁金属，是用低温固体还原法冶炼获得的块炼铁制作而成的。它不含陨铁中所含的镍、钴等金属。

纯铁的熔点为 1540℃，这在商周时期的熔炉中很难达到。所谓"块炼铁"，是铁矿石与木炭在炼炉中冶炼时，在较低温度下以固体状态被木炭还原的产物。这种铁的质地疏松，里面还夹杂有许多来自矿石中的各种氧化物，如氧化亚铁、硅酸盐以及未烧完的木炭屑等。这种块炼铁若在一定温度下反复锻打，可将夹杂其中的氧化物挤出去，使其机械性能得到改善。用块炼铁加工制作工具，则需采用热锻。如果铁块较小，而需要制作的对象体积较大，则可以放在锻炉内加热，经过热锻，将数块小铁块锻接成大块。如果铁块太大，则可切成小块，再经锻打而制造所需的工具或武器等物品。这种冶铁方法虽然比较原始，但因早在商代已有了热锻加工陨铁的技术，所以当块炼铁被人们发明以后，铁器就登上了历史舞台。上村岭发现的玉茎铜芯铁剑，正说明用这种方法冶炼的铁金属，已被制成工具而为人们所使用了。

这种块炼铁的冶炼方法在东周时期仍被工匠门延续使用。但东周时期又出现了生铁冶铸技术。由于生铁冶铸术的发明与发展，改变了块炼铁冶炼与加工比较费工费时的状况，提高了生产力，降低了成本，使大批量冶炼和铸造较复杂的铁器成为可能。这就为铁器生产的发展打下了良好的基础，并为我国古代冶铁业的发展开拓了一条独特的道路。

# 八

## 三代时期周边地区的科技成就

按照传统史学的说法，中国的文明历史是从夏、商、周三代开始的。由于夏、商、周三个王朝都在中原地区立国，所以，在介绍三代的科技成就时，必然以夏、商、周三代直接控制的地域内发现的材料作为重点。就总体而论，三代时期中原地区青铜文明的发展程度，确实比其他地区要高。它们在科学技术方面取得的成果比周边地区要先进一些。因此，介绍三代科技及其文明发展的情况，大体上可以涵盖同时期我国古代先民在科学技术方面取得的成就。

然而，自然界与人类社会中的各种事物都是相互联系与相互制约的。从历史发展的长过程看，先进与后进只是相比较而言，而且也并非一成不变。在特定的条件下，后进的也可能转化为先进。考古调查的材料表明，我国新石器时代的遗址分布，与今日中国人口的分布情况基本上是一致的，即今日中国人口稠密地区，新石器时代的遗址也相对密集。这说明史前时期居住在中国各地的先民，在各自的地域内劳动、繁衍、生息，创造自己的生活，也创造了历史。他们是中国各族人民的先祖。中国各族人民为统一多民族国家的建立，为科学与技术的发展做出了各自的贡献。其中很多成果是在他们之间的长期交往与交流中互相学习、不断创新而被发明的。

各族人民之间的交往与交流活动，早在新石器时代即已出现。考古工作中提供的许多文物可以说明这种交往已相当密切。例如，货贝（一名子安贝）是只产于台湾海峡以南的南海海域的一种水生动物，我国的东海、黄海均不产这种贝类。但是这种货贝在距今 5000 年前的马家窑文化中即有出土，说明它是从南方地区辗转而流入西北地区的。同时，山东大汶口文化中极有特色的陶鬶，在广东马坝的石峡文化遗址中也能找到，两者的特征十分接近，显然是源于前者。岭南地区有些石斧的形制也与中原地区所见一致。这些情况都是人们交换或交往的结果。

到了三代时期，这种交换与交往有了进一步加强。当时在夏、商、周王国的周围存在着许多方国。这些方国在政治与经济方面和夏、商、周王国存在着不同程度的联系，有关科学与技术方面的知识与经验，也在互相交往中得到交流，促进了各国的发展。例如，山西灵石旌介村出土的一批"丙"国铜器、河南息县蟒张的"息"国铜器、山东益都苏埠屯出土的"亚丑"铜器，是三个不同方国的遗存。这三个地点的商时期墓葬中都出土了一批青铜礼器、兵器，上面铸有"丙""息""亚丑"铭文，表明它们是方国自铸的器物。但这些礼器、兵器中，绝大部分与商王室所用的铜礼器、铜兵器是相同或极为一致的。这些形制相同的礼器一批批出土，反映了这些方国的上层贵族在社会生活中实行某种礼制，很可能是仿效商王室的礼制制定的。这些青铜器的制作，受到了商王室铸造工艺的强烈影响。这些方国制作的青铜器形制端庄，花纹瑰丽，铸工精良，分铸法已被方国工匠们熟练地掌握。由于这些方国跟商王室的关系比较密切。它们的青铜业很可能是在商王国工匠的直接帮助下发展起来的。

距离中原地区稍远一些的地域，情况则有所不同，从四川广汉三星堆、江西新干大洋洲出土的大批晚商时期的青铜器中可以看到，它的文化因素包含三个部分：一部分青铜礼器是典型的中原形式，如罍、尊、盘、鼎、鬲、卣等，它们的器形和装饰纹样等方面都和中原地区出土的

广汉三星堆遗址

三星堆遗址位于中国四川广汉市，因其域内三个起伏相连的黄土堆而得名，与北面的月亮湾台地构成"三星伴月"之势。

同类器一致。另一部分是具有当地青铜文化特色的青铜制品，例如广汉三星堆遗址中出土的各种规格的人头像、立人像、爬龙柱形器等，新干大洋洲出土的双面人头形神器、伏鸟双尾虎及青铜工具、农具等，都是中原地区出土的成千上万件青铜器中没有见过的青铜制品，具有浓厚的土著特色。三星堆出土的一批人头像，铸造者对人的面部器官采取了夸张的手法，也与中原同类器的风格不同。三星堆出土的立人像，大眼、直鼻、方颐、大耳、戴冠，着左衽长袍，佩戴脚镯，这是蜀国古代先民的装束。第三部分是既有中原文化的风格又有地方性文化特征的青铜制

品。例如，新干大洋洲出土的铜甗和大方鼎，它们的形制与中原地区出土的同类器一致，但前者的双耳各立一只雄性幼鹿，后者的双耳各卧一虎，这是中原地区出土的同一时期同类器上所没有的。这种将中原文化因素与地方文化因素结合于一体的做法，反映了两种文化的融合。在湖南发现的商时期遗存中也能看到类似的现象。这些青铜器中大部分是当地工匠们制作的。尽管在长江以南地区还没有发现或发掘同时期的铸铜作坊，但从这些青铜制品中仍可了解到当时的铸造工序与中原制铜作坊中铸造铜器的工序是一样的。

分铸法也已被熟练地掌握，并运用于铸造装饰附件上。这些青铜制品形体规整、花纹华丽，说明它们的铸造工艺水平不低。江南地区出土的青铜器还以形体硕大、造型别致、花纹细腻为其特点。例如，大洋洲出土的立鹿铜甗，通高105厘米，口径61.2厘米，重78.5公斤，在中原出土的同类器中尚未见过这样的重器；卧虎大方鼎通高也有97厘米。三星堆出土的立人像高达2.62米，造型别致，这在各地出土的商周青铜器中也是罕见的。青铜器的器形越是高大，铸造技术的难度也越大。江南地区的工匠们能铸造这样一批形体硕大、具有特色的青铜制品，正说明那里的铸造技术已处于相当成熟的阶段。在这个过程中，他们可能受到中原地区铸铜业的强烈影响。因为在没有设计蓝图或其他手段的情况下，制作具有中原风格的铜器并不是一件容易的事。当时很可能有人去中原学习或请中原的工匠帮助。当然，大部分的青铜器还是当地工匠们所铸造的。

早期乐钟的制作，是反映长江流域古代先民的青铜业发展情况的另一个方面。晚商至西周早期，我国出土青铜乐钟的地域有三个。它们制作的乐钟都为合瓦形，上窄下宽，于微弧，有甬，基本特征是一致的。但以河南安阳为中心的中原地区铸造的乐钟形体较小，最大的一件高

21 厘米，重 1.32 公斤，一般都在 10—20 厘米之间，重 1 公斤上下。表面的兽面纹装饰由耳、鼻、口、目等组成，与青铜器上所饰的图案一致。另两个地域则在长江中游的洞庭湖周围和长江下游的江浙地区。其中洞庭湖周围出土的早期乐钟形体硕大，最大的通高 109.5 厘米，最重的达 154 公斤，平均高度为 68.75 厘米，平均重量为 76 公斤。表面的兽面纹由钟体两侧对称的粗壮凸起的勾连云纹和两个枚组成。江浙地区的乐钟，平均高度为 40.42 厘米，重量在 16 公斤左右。表面的兽面纹则由粗、细卷云纹与两个对称的乳丁枚组成。这三种乐钟中以安阳殷墟妇好墓中出土的五件编钟的年代最早。但三者在商周之际的一个时期内是同时并存于各自的地域的，这说明长江流域制作青铜乐钟的时间也是很早的。

乐钟的铸造与礼器不同，它要求每件乐钟都能发出特定的乐音，才能编列成组进行演奏。而乐钟的结构越合理，它的音频、音响效果也越好，演奏时才能达到预期的目的。对乐钟的钟体进行激光全息干涉振型检测，结果显示，每件乐钟都有两类主要的振动方式：一是正对称振动；一是反对称振动。这一结果揭示了这些双音钟的发音原理。不过，节线的走向不仅和钟体的结构有关，也受到质量分布的影响。这就与铸造时铸件型腔的规范化程度及合范过程中的准确性有密切关系。商代晚期，乐钟的音程以大二度居多，表明它的铸造工艺，当时人们的测音、调音技术都已达到了一定水平。在这三种乐钟中，中原出土的形小体轻，音质较差；湖南出土的形大体重，声音过于洪亮。这两种乐钟在西周早期都从历史舞台上突然消失了。只有江浙一带的乐钟的结构最为合理，被中原地区的周人所接受，成为青铜乐钟中最重要的一种打击乐器。这从另一个侧面反映了长江流域的青铜业的发展，在商周时期也达到了相当高的水平。

中原地区虽然也有铜矿资源，但远不如长江流域丰富。现已查明，长江沿岸的丘陵地带是我国有色金属矿藏储量最丰富的地区之一。江西瑞昌市铜岭、湖北大冶等地发现的商周时期采矿遗址和冶炼遗址，说明生活在这里的古代先民对铜金属的利用，至少有 3000 多年的历史。冶炼的铜金属中有一部分被输往中原地区，但大部分为当地工匠制作青铜器具所用。所以长江流域出土的青铜器中，除了礼器、乐器、兵器外，还铸造了一定数量的农具（如犁头、畲、耒、耜、铲、镰等）和手工工具。可能由于这里的铜资源十分充裕，所以当地的工匠们铸造了许多大件铜器。在中国三代青铜文明中，这一地区的工匠们运用他们的智慧与创造力，丰富了光辉灿烂的中国青铜文明。

除了青铜业外，长江流域的先民在其他工艺技术方面也有相当高的技能，例如四川成都的十二桥发现的大型木构建筑，是商王朝时期的干栏式建筑。出土的梁柱、檩、椽等构件大多有榫卯结构，反映了建造这座大型建筑的木工技术也是很高的。其中地梁上的卯口都作对称排列，与中原地区的木构建筑上常用的左右对称的特点十分接近。广汉三星堆出土的玉器中有锛、锄、斧、琮、璋、戈、矛等工具及礼仪用器具。江西大洋洲出土的玉器也有琮、璧、瑗、璜、玦、环、戈、矛等礼仪用器以及项链、羽人、镯、坠等装饰品。其中一件枣红色羽人，作侧身蹲坐的姿势，粗眉、大眼、大耳、高钩鼻，戴高羽冠，形态相当生动。头顶上还有雕镂的三个套接的链环，可自由活动。这件玉器身高 8.7 厘米，背厚 1.4 厘米，包括链环在内，通长 11.5 厘米。在这么一块不大的玉料上雕琢出羽人形象和三节链环，可见 3000 余年前当地工匠的雕琢技术已达到相当水准，其工艺也不比中原的玉雕工艺逊色。

广汉三星堆祭祀坑中还出土金杖和金面罩等遗物。它的工艺较高，反映了当地工匠们的金器加工技术也是不低的。

原始瓷器的烧造是商代中期开始出现的一个新行业。在南方和中原地区的晚商与西周遗址中都有发现，但无论在数量方面，还是器类方面，江南地区都比中原地区要多。中原地区西周遗址中最常见的是矮圈足豆，另外还有罐、盉、盂、碗等。但这些原始瓷器表面所饰的条纹、

**矮圈足豆**
矮圈足豆是较为常见的原始青瓷器。此足豆现收藏于福建省昙石山遗址博物馆。

方格纹、云雷纹等与中原地区陶器上常见的绳纹明显不同。它们使用双组或双系的风格也与中原陶器的同类器风格不类。据分析，丰镐遗址中出土的原始瓷器的化学成分与江西吴城地区的青瓷器接近，却与北方青瓷差异较大。它的二氧化硅含量相当高，氧化铝的含量为中量，这与安徽屯溪出土的原始瓷一样。上述特征都属南方青瓷系统。因此，中原地区出土的原始瓷器中有相当一部分当来自江南地区。这或许从另一个侧面反映了当时原始青瓷的烧造技术比中原地区更高一些。

新疆地处我国西北边陲，但与中原和江南地区的交往也由来已久。河南安阳的妇好墓和江西新干大洋洲商墓中出土的玉器，均有一些用新疆和阗所产的玉料加工制作的。在新疆进行的考古发掘，也揭示了古代

先民在很早以前就已开发了当地的各种资源，创造了很有特色的古代文化。在 20 世纪 80 年代的考古发掘中，新疆哈密等地还发现了一些早期铁器，包括刀和装饰品等。它们也是以块炼铁为原料制成的铁金属制品。其中哈密市焉不拉克墓地 31 号墓出土的弧背直刃刀保存较好。经碳 14 测定并经树轮校正，其年代约为公元前 13—前 11 世纪。如果这个数据无误，则它比河南陕县上村岭发现的玉茎铜芯铁剑的年代更早。鉴于这两个地点相距很远，它们出土的冶铁制品之间存在何种关系，尚不能推定。但它至少可以说明新疆古代先民在开发利用铁矿资源并用于制作工具方面与中原地区三代先民一样，也在探索中前进。

　　考古工作中提供的有关三代时期中原地区与周边地区存在交往的实例还有许多。例如：偃师二里头遗址中出土的玉琮、陶质鸭形尊等物品，是长江下游地区的良渚文化及其稍晚时期的遗址中富有特征的东西，而在湖南、四川的夏商时期遗址中又能见到偃师二里头遗址中一些很有特色的陶鬶、陶豆等器物。在内蒙古敖汉旗大甸子夏家店下层文化中出土的陶鬶、陶爵也与二里头遗址中出土的陶鬶、陶爵的形制一致；而大甸子墓地所出的彩绘陶器的装饰花纹中，有的与商代青铜器上的装饰纹样相近。安阳殷墟出土的弓形器、兽首刀等铜器，也非本地所铸造，而是来自北方草原地区。产自南海的货贝，在中原大量出土，大批平民墓中大多用货贝随葬，贵族墓中放置货贝的数量更多，如妇好墓中就出土 6000 枚。该墓出土的玉戈上有的刻有"卢方入戈五""妊冉入石"等字样，有的铜器上铸有"亚弜""亚启"等铭文，这些物品都是一些方国的贡品。安阳出土的玉器经过鉴定，其原料除来自新疆和阗外，还有辽宁岫岩及河南南阳等地。对江西新干大洋洲商墓玉器的鉴定显示，其来源也包括新疆和阗玉、辽宁岫岩玉、陕西蓝田洛翡玉、河南密玉、南阳独山玉和浙江青田玉等。所有这些，都说明三代时期，中原与周边及各个地区间的交往比史前时期更加频繁。正是在这种交往中，古代科学技术知识才得到交流。中原地区的一些先进的科技成果随着人员的交往被传播到各地。这种传播有的是直接的，也有的是间接的。如云贵高原出土的一些青铜器受到早期巴蜀文化的影响，但追根溯源，它的祖形则是在中原（如铜矛就是一例）。另一方面，生活在各地的先民们在各自特定的环境中创造了许多成果。例如在西藏拉萨的曲贡遗址发现的铜金属，经碳14测定，是3000年前的人工冶炼制品，说明这一地点的冶铜业也具有悠久的历史。各地先民创造的许多成果中有不少也传到了中原地区，并被中原的居民所接受。以上所述的实例说明，夏、商、周三代的青铜文明是我国古代各族人民共同创造的。我国三代先民创造的科技成果，在世界科技发展史上占有重要的一页。

# 九 / 结 语

我国是重要的人类文明发祥地之一，地下埋藏的远古至三代的遗存极为丰富。但在我国的考古学出现以前，因缺乏文字记载，人们对远古至三代这一大段历史的认识是很不清楚的。自从近代考古学传入中国以后，考古工作者把远古至三代遗址的发掘列为重点，提供了大量实物资料，使人们对这一段历史的发展情况有了比较全面的认识。这一卷《中国远古暨三代科技史》正是以这些考古材料为基础撰写的。

本卷以介绍旧石器时代、新石器时代和夏、商、西周的技术进步入手，阐述了我们的祖先从渔猎、采集到农业出现，因农业发展而促使农业与手工业分工，由于科技进步，使先民们从单纯利用岩石打制石器发展到从岩石中提取金属制作工具，并促使其他手工行业进一步发展的过程。这是一个漫长的过程，历时约 300 万年。在这个过程中，我们的先祖从穴居到平原定居，从分野聚落到城市兴起。所有这一切，是先民们在极端恶劣的条件下，通过艰苦卓绝的创造性劳动获得的。从另一个意义上说，这个过程也是人们在改造自然的斗争中不断改善自身与自然界关系的过程。

我国辽阔的国土，以她优越的地理环境，丰富的自然资源，在客观上为古代居民的创造活动提供了有利的条件。因为自然界赋予人们的惠泽越多，人们用于为满足自身的需要而付出的劳动时间就越少，那么人们用于创造其他财富的时间也就越多。但是，勤劳、智慧的先民们为创造美好生活而对生产技术进行的改进与创新，始终是社会进步的原动力。这种创新，使他们在距今 4000 余年前，终于告别了漫长的蒙昧与野蛮时期，跨入了文明时代的门槛。中华大地是世界上最早使用火、发明弓箭与陶器、栽培农作物与观测天文的地区之一。在远古至三代期间，我们的祖先栽培出世界上最早的稻谷，织出了世界上最早的丝绸，在 3000 多年前就发明了原始瓷器，创造了光辉灿烂的青铜文化。他们在科学技术的许多方面取得了令世人惊叹不已的杰出成就。这些成就成为世界文化宝库极为重要的组成部分，也使我国各族人民在世界民族之林中占有特定的地位。

尽管考古学提供的材料使人们对远古至三代的历史有了许多新认识，但关于这一大段历史，尚有许多问题待探究。例如当涉及这一时期科技发展中一些关键问题或涉及不同学科的方方面面时，现有的材料就显得不够了。因此，书中对许多问题的阐述还是很不充分的，不少问题只能等到将来有更多新发现问世以后再去补充。

考古学与科技史之间有着密切的关系，因为各个学科在追溯其历史时，几乎都离不开考古学提供的材料。但考古学与科技史毕竟是不同的学科。我们虽然从事考古工作多年，对古代科技也有兴趣，但研究不深。所以，撰写本卷科技史的过程也是我们学习的过程。许多科技史工作者的研究成果都是我们的教材。例如杜石然等所著的《中国科学技术史稿》（科学出版社 1982 年出版），就是很好的一本。它给了我们很多启示，不少观点为我们所采用。但限于水平，书中一定会有认识不清或谬误之处，欢迎科技史专家与读者批评指正。

科技史与其他学科一样，很多问题都在探索之中。有些结论往往因某项新发现而被修正。所以，本书中的许多论点在未来的岁月中将被改写，这是意料之中的。本卷行文中用了一些考古术语，这是我们希望普及一些考古知识的一种尝试，希望读者能够接受。如果读者能够多掌握一些考古知识，就可以从考古书刊中直接获得有关科技史方面的新发现，这对推动科技史的研究是有帮助的。

研究和了解我国科学技术发展的历史，揭示它的发展规律，这对我们从事现代化建设的人们能起到温故而知新的作用。探讨我国古代科技发展的道路，对于探索未来中国科技发展的道路更有其积极的意义。这正是我们承担此卷撰写任务的目的所在。我们相信，古代先民的求实、进取和不断创新的精神，将激发人们去迎接未来的科技挑战，从而在中华大地上创造出更加辉煌的业绩！